Ouadia Mouhat
Abdellatif Khamlichi

Flambage des panneaux raidis

Ouadia Mouhat
Abdellatif Khamlichi

Flambage des panneaux raidis

Analyse fiabiliste et effet des imperfections initiales

Éditions universitaires européennes

Impressum / Mentions légales

Bibliografische Information der Deutschen Nationalbibliothek: Die Deutsche Nationalbibliothek verzeichnet diese Publikation in der Deutschen Nationalbibliografie; detaillierte bibliografische Daten sind im Internet über http://dnb.d-nb.de abrufbar.

Information bibliographique publiée par la Deutsche Nationalbibliothek: La Deutsche Nationalbibliothek inscrit cette publication à la Deutsche Nationalbibliografie; des données bibliographiques détaillées sont disponibles sur internet à l'adresse http://dnb.d-nb.de.

Coverbild / Photo de couverture: www.ingimage.com

Verlag / Editeur:
Éditions universitaires européennes
ist ein Imprint der / est une marque déposée de
OmniScriptum GmbH & Co. KG
Heinrich-Böcking-Str. 6-8, 66121 Saarbrücken, Deutschland / Allemagne
Email: info@editions-ue.com

Herstellung: siehe letzte Seite /
Impression: voir la dernière page
ISBN: 978-613-1-57566-2

Zugl. / Agréé par: Tetouan, Université Abdelmalek Essaadi,Faculté des sciences,2014

Flambage des panneaux raidis
Analyse fiabiliste et effet des imperfections initiales

par

Mouhat Ouadia

Khamlichi Abdellatif

Résumé

Ce livre est dédié à l'analyse des états limites de flambage statique et dynamique des panneaux raidis. Il porte sur la caractérisation des effets associés aux imperfections initiales qui affectent la structure du panneau et qui comprennent les défauts géométriques répartis ou localisés ainsi que les hétérogénéités qui résultent du processus de soudage utilisé durant l'opération d'assemblage. Le panneau a été supposé soumis à une compression axiale uniforme agissant suivant la direction longitudinale des raidisseurs. Le comportement des matériaux qui le constituent a été choisi élastique ou élastoplastique. Des conditions aux limites appropriées ont été sélectionnées. Une étude fiabiliste a été conduite afin de quantifier la propagation des incertitudes présentes dans les variables de base en vue de déterminer la probabilité de défaillance associée à une conception et un état limite de flambage donnés.

Une méthodologie qui s'appuie sur la modélisation par la méthode des éléments finis pour calculer l'état limite de flambage a été proposée. Le code de calcul *Abaqus* a été utilisé à cet effet et des études paramétriques extensives ont été effectuées. Celles-ci ont été réalisées conformément à des plans d'expériences numériques en factoriel complet. Elles permirent dans une première étape de déterminer les poids des facteurs sur la variabilité de la charge critique de flambage. L'analyse fiabiliste a été conduite ensuite en s'appuyant sur des modèles de type surfaces de réponses ou réseaux de neurones artificiels qui ont été construits à partir des résultats de simulation par éléments finis.

Un modèle fiabiliste de type blocs en parallèle a été proposé pour représenter l'état limite de flambage, ce qui a permis de représenter de manière explicite cet état en permettant le découplage entre le modèle structural et le calcul fiabiliste. En fixant les densités de probabilités des variables de base, il était devenu alors possible de procéder à des tirages Monte Carlo pour estimer la probabilité de défaillance associée à une conception donnée.

Les résultats obtenus ont montré que les imperfections initiales ont une influence considérable sur la charge critique de flambage du panneau raidi aussi bien en statique qu'en dynamique. En particulier, un défaut localisé de type dépression carrée située sur un segment intermédiaire de la plaque de fond s'est avéré très nocif. Par ailleurs, le flambage dynamique qui se manifeste de manière plus défavorable dans certaines conditions ne peut pas être ignoré. La comparaison des charges critiques de flambage statique et dynamique, pour des conditions aux limites spécifiques et des profils temporels particuliers de l'impulsion définissant le chargement de compression, a montré que le flambage dynamique est plus sévère. Ceci se produit lorsque la durée du chargement impulsionnel est voisine du double de la première période propre des vibrations naturelles du panneau, et pour une amplitude de l'imperfection géométrique initiale de l'ordre de l'épaisseur de la plaque de fond.

Table des matières

Introduction générale

Les panneaux raidis sont largement utilisés dans les structures modernes. Leur excellente capacité à supporter et transmettre de manière optimale les sollicitations dues à des chargements variés, couplée à leur masse réduite grâce à l'emploi de raidisseurs bien proportionnés en font des structures très performantes dans de nombreux domaines industriels. Les panneaux raidis sont largement utilisés aujourd'hui dans les navires, avions, sous-marins, plates-formes pétrolières en mer, récipients et réservoirs sous pression, ponts et toitures. Ils sont toutefois très exposés à l'instabilité de type flambage qui peut être catastrophique pour ces structures.

En général, le dimensionnement d'une structure se fait en analysant tous les processus susceptibles d'entraîner sa ruine. Le flambage constitue souvent la combinaison d'action la plus défavorable pour les structures à parois minces. Ce mode d'instabilité est très influencé par les imperfections initiales présentes sur la structure. Or, celles-ci sont inévitables et quel que soit le procédé de fabrication utilisé, la géométrie finale de la structure n'est jamais aussi parfaite que celle projetée lors de la conception. Par ailleurs, des hétérogénéités matérielles et des variations dimensionnelles peuvent perturber la structure.

Actuellement l'optimisation des panneaux raidis représente une thématique importante au niveau des travaux de recherche dans le domaine de la conception des structures. L'un des objectifs poursuivis consiste à déterminer les paramètres qui ont une influence significative sur leur comportement au flambage. En particulier, la conception des structures modernes exige de satisfaire à des critères d'économie et de légèreté et l'on cherche activement à intégrer d'une manière plus rationnelle l'effet des imperfections géométriques et les conditions d'application du chargement sur la résistance de la structure à ce type d'instabilité.

Le dimensionnement au flambage consiste à optimiser la géométrie à mettre en œuvre lors de la fabrication afin de se prémunir de la ruine par instabilité. De nombreuses règles de calcul ont été éditées:

- règles SP8007 et SP8032 de la NASA éditées en 1968 et couvrant le dimensionnement des coques minces cylindriques ou à double courbure;
- règles ECCS *European Convention for Constructional Steelwork* qui sont relatives à la construction métallique, éditées en 1978 ces règles sont restées longtemps en usage en Europe;

6

- Eurocode3 (ENV 1993-1-6) règles européennes modernes qui couvrent la construction métallique, elles ont été éditées en 1993 et révisées en 2007.

Les règles précédentes sont souvent conservatives et tolèrent en option de réduire les coefficients de sécurité qu'elles recommandent par défaut si la preuve en est apportée scientifiquement. Dans la pratique ceci consiste à justifier l'effet réel de l'imperfection ou du mode de chargement ou d'interaction en jeu par des démarches de type modélisation couplée à l'expérimentation. Ces règles surestimaient parfois, surtout dans le cas des plus anciennes, la résistance sous certains effets mal connus dont elles n'arrivent pas à rendre compte de manière satisfaisante à travers la notion de coefficient de sécurité. Elles n'étaient donc pas suffisantes pour éliminer complètement le danger de ruine qui se manifeste dans certains cas, certes exotiques, mais non interdits et non pointés de manière explicite dans ces règles.

De nombreuses observations ont montré que les plaques et panneaux raidis font partie des structures que l'on dit sensibles aux imperfections géométriques. La charge critique est considérablement réduite en cas de présence d'un défaut dans la structure. Or l'identification des défauts réels n'est pas toujours possible. En effet, si pour une structure donnée l'on peut disposer de relevés précis relatifs à ces imperfections, le relevé réalisé sur cette structure ne peut pas traduire de manière générale tous les types de défauts susceptibles d'être présents sur l'ensemble des plaques ou panneaux produits selon le même processus de fabrication. Il y a une variabilité de défauts qui échappe à toute modélisation de type déterministe.

L'analyse fiabiliste présente en revanche la possibilité de rendre compte de manière rationnelle de l'effet de la variabilité des caractéristiques des défauts sur la résistance au flambage. Ce qui permet de quantifier plus clairement l'effet des imperfections, une fois connues les statistiques qui décrivent les incertitudes sur les variables de base qui les définissent.

Nous focalisons l'attention dans ce livre sur l'effet des imperfections initiales qu'elles soient de type imperfections géométriques initiales localisées ou réparties, ou bien celles qui résultent de l'altération des propriétés matérielles durant le processus de fabrication. Ces dernières résultent souvent des opérations de soudage qui sont réalisées pour effectuer l'assemblage de la structure finale du panneau raidi. Nous considérons que le panneau est soumis à une compression axiale uniforme ayant lieu suivant la direction longitudinale des raidisseurs dans le plan moyen de la plaque de fond. Les propriétés matérielles du panneau peuvent être élastiques ou élastoplastiques. Le chargement peut être statique ou bien dynamique. Nous considérons des conditions aux limites appropriées pour mettre en évidence les effets que nous désirons étudiés. Celles-ci sont en général intermédiaires entre celles associées à un bord libre et celles d'un bord en appui simple.

Nous analysons l'interaction entre les défauts dus au soudage et une imperfection géométrique localisée de type dépression carrée. Cette dernière permet de schématiser le défaut perte de matière due à la corrosion ou bien à l'indentation suite à un choc se produisant avec un objet ayant une arrête aigue.

Nous analysons aussi l'effet d'un mode de chargement dynamique sur la résistance au flambage. Ce dernier cas est important car plusieurs études ont montré qu'un chargement dynamique peut être plus défavorable qu'un chargement statique ayant la même direction et la même amplitude. La prise en compte d'un chargement dynamique dans l'évaluation de la résistance au flambage permettra alors de pratiquer une conception plus sûre et plus efficace de la structure contre ces événements particuliers qui peuvent être redoutables pour la pérennité du panneau raidi. Ceci est d'autant plus nécessaire que ces structures travaillent normalement dans un environnement de sollicitions dynamiques: houle et vagues dans le cas d'un navire, perturbations atmosphériques et effets dynamiques d'atterrissage dans le cas des avions.

Le but est double, asseoir une méthodologie qui permet d'analyser l'état limite de flambage d'un panneau raidi quelque soit la structure du panneau considéré et pouvoir par la suite procéder à l'optimisation structurale qui tient compte de cet état comme étant une contrainte sur le dimensionnement.

Dans le cadre de ce livre nous abordons le premier aspect concernant la caractérisation du phénomène de flambage propre à ces structures particulières. La méthodologie qui sera proposée s'appuie sur des outils de modélisation telle que la méthode des éléments finis qui est devenue très performante dans le domaine du calcul des structures. La nécessité de prédire l'état limite de flambage de manière explicite afin de pouvoir lancer une analyse fiabiliste avec un coût de calcul raisonnable, nous conduit à chercher des représentations explicites de cet état. Nous utilisons dans ce contexte soit des surfaces de réponses polynomiales soit des modèles à base des réseaux de neurones artificiels. Ce sont ces derniers qui s'avèrent les plus adaptés à la représentation des nonlinéarités qui caractérisent le flambage des panneaux raidis. A partir de cette modélisation explicite par surface de réponse ou réseaux de neurones, nous effectuons une analyse fiabiliste pour déterminer la probabilité de défaillance associée à un état limite de flambage donné. Cette modélisation permet de gérer de manière directe la propagation des incertitudes entre les variables de base de conception et la sortie associée à la

8

charge critique de flambage. Le processus de Monte Carlo peut alors être employé pour évaluer la probabilité de défaillance.

Si dans le cas statique le critère de flambage utilisé est universel, en dynamique il n'y a pas consensus à ce sujet. Le critère classique dit de Budiansky et Roth pose des difficultés au niveau de son application, car il exige de recourir à des calculs itératifs qui sont longs. Nous l'utiliserons malgré tout du fait que les autres critères proposés dans la littérature et qui sont d'un usage plus simple sont plutôt de nature empirique, contrairement au critère de Budiansky et Roth qui est parfaitement justifié par l'énoncé de Liapunov relatif à la notion de stabilité.

L'organisation de ce rapport de livre est faite de la façon suivante. Nous commençons dans le chapitre 1 par situer les travaux de recherche menés par rapport à l'état de l'art dans le domaine. Nous citerons et commenterons les principales références bibliographiques qui représentent des avancés récentes concernant les thèmes que nous abordons. Viendra ensuite le chapitre 2 qui servira à rappeler les méthodes numériques d'analyse de l'état limite de flambage. Nous rappelons dans le cas de la statique le principe de la méthode linéaire dite d'Euler et celui de la méthode incrémentale de résolution du problème de flambage statique intégrant les nonlinéarités géométriques. Dans le cas dynamique, la méthode d'intégration temporelle de type explicite se comporte mieux que la méthode implicite et nous indiquons comment celle-ci est mise en œuvre dans la pratique dans le contexte de la méthode des éléments finis. Ce chapitre permettra aussi de rappeler le principe de l'analyse fiabiliste et de signaler la difficulté d'opérer cette analyse en mode couplé: calcul éléments finis - calcul fiabiliste. C'est la convenance de découplage en analyse fiabiliste qui justifie l'intérêt d'expliciter la fonction de performance représentant l'état limite de flambage. La mise en œuvre d'un modèle explicite est envisagée à l'aide de surfaces de réponses ou des réseaux de neurones artificiels. Cette technique sera ainsi revue dans la dernière partie de ce chapitre. Son concept et les étapes de son développement seront aussi présentés et illustrés.

Dans le chapitre 3, nous analysons les effets des imperfections initiales sur l'état limite de flambage statique en tenant compte de leur possible interaction mutuelle. Nous effectuons des études paramétriques en supposant l'indépendance des sources de variabilité au niveau de la charge critique de flambage, ce qui amène à la représentation du système par des blocs en parallèle. Ceci permet d'exprimer la propagation des incertitudes entre un grand nombre de variables de base et la charge limite de flambage. La probabilité de défaillance associée à un scénario d'incertitudes défini sur les variables de base pourra alors être évaluée. Ce qui permettra de déterminer l'influence des imperfections géométriques initiales et des

9

hétérogénéités matérielles susceptible d'être induites par l'opération de soudage réalisée sur le panneau raidi.

Enfin, dans le chapitre 4 nous abordons l'analyse de l'état limite de flambage dynamique du panneau raidi. Nous suivons la même démarche de modélisation que celle introduite dans le chapitre 3 au niveau de l'exploitation des simulations par la méthode des éléments finis et de la représentation de la réponse par des modèles explicites. Nous analysons les effets engendrés par le profil temporel de la force de compression axiale et de la durée de l'impulsion. Nous verrons que le niveau de l'imperfection géométrique initiale doit être suffisamment grand et que les conditions aux limites doivent être choisies de manière appropriée pour que la charge critique de flambage dynamique soit inférieure à celle obtenue en statique pour la même configuration de chargement, en termes direction et amplitude maximale.

Chapitre I

Etat de l'art dans le domaine des travaux de recherche abordés dans ce livre

La littérature scientifique dans le domaine du flambage statique ou dynamique des panneaux raidis est relativement abondante. Les auteurs ont abordé les différents aspects liés à ces deux phénomènes. Pour ce qui est des travaux abordés dans ce livre, l'ensemble de la littérature que nous avons consultée nous a permis de dresser l'état de l'art. Nous pouvons à cet effet recenser les points majeurs suivants qui ont constitué le thème de nombreuses contributions:

- analyse de l'effet des paramètres mécaniques et géométriques sur la résistance au flambage;
- analyse de l'effet des imperfections géométriques initiales réparties ou localisés sur la charge critique de flambage;
- méthodes d'analyse fiabiliste de l'état limite de flambage;
- représentation de l'état limite de flambage par surface de réponse ou réseaux de neurones artificiels;
- critères de prédiction de l'état limite de flambage dynamique;
- méthodes numériques de résolution des équations gouvernant le comportement des structures de type panneau raidi;
- méthodes d'intégration numérique des équations nonlinéaires obtenues par discrétisation par la méthode des éléments finis des problèmes de flambage dynamique des structures;
- analyse de l'effet des caractéristiques du chargement impusionnel sur la charge critique de flambage dynamique.

Ces points permettent de considérer de manière compréhensible les différentes sources bibliographiques qui admettant un lien étroit avec le sujet abordé par ce livre. Les publications récentes qui couvrent simultanément plusieurs aspects du problème de flambage que nous avons étudié dans nos recherches ont été choisies pour effectuer la synthèse suivante.

I.1. Flambage statique; effet des imperfections géométriques initiales

L'analyse de l'effet des imperfections géométriques initiales revêt une grande importance dans le contexte du flambage des structures. Plusieurs travaux ont été consacrés à ce sujet.

Parmi une multitude de publications qui existent, nous ne considérons dans la suite que celles qui se rapprochent de très près à notre sujet.

Le premier travail à évoquer est celui de Dow et al. [Dow 1984]. Les auteurs ont effectué une étude expérimentale et théorique afin d'analyser l'effet des imperfections géométriques réparties et localisées sur la résistance au flambage des plaques rectangulaire longues soumises à la compression axiale. L'étude a porté sur diverses sortes d'imperfections géométriques initiales de type localisé présentes seules ou en interaction avec des imperfections géométriques initiales réparties. Les auteurs ont conclu que les imperfections localisées admettent un effet équivalent à celui des imperfections distribuées réparties de manière périodique sur la plaque de fond. Dans les deux cas de panneau raidi et de plaque non-raidi, ils ont noté que l'effet dépend beaucoup de l'amplitude et peu de la forme de l'imperfection localisée. En cas de concomitance d'une déformation répartie avec une déformation localisée, c'est l'imperfection géométrique initiale proportionnelle au premier mode de flambage eulérien qui cause le plus de préjudices à la résistance au flambage.

Dans une étude benchmark organisée par les membres du comité III.1 *Ultimate Strength* de l'ISSC 2003 (*International Ship and offshore Structures Congress*), Rigo et al. [Rigo 2003] ont analysé l'état limite ultime de résistance au flambage des panneaux raidis fabriqués en aluminium et soumis à la compression axiale. Les éditions précédentes organisées par ce comité se sont concentrées sur les méthodes de calcul permettant la prédiction de la charge critique de flambage de ces structures ainsi que l'estimation de leurs précisions. Ce dernier benchmark a été consacré à l'aspect validité de la modélisation du problème de flambage par la méthode des éléments finis. Il s'agissait plus précisément d'effectuer une comparaison entre plusieurs codes de calcul et modèles, et de conduire une étude de sensibilité de la résistante ultime au flambage en fonction des divers paramètres intervenant tel que l'effet dû à la zone HAZ (*Heat Affected Zone*). Les résultats obtenus ont montré que cette zone a un effet significatif sur la charge critique de flambage dans le cas des panneaux peu élancés qui rentrent dans le domaine des déformations plastiques avant de manifester l'instabilité par flambage. La réduction de la charge critique peut atteindre dans ce cas 30%. Par ailleurs, une réduction de 10% de la valeur de la limite d'élasticité du matériau dans la zone HAZ a entraîné une réduction de 5% de la charge critique de flambage. L'imperfection initiale a été modélisée dans ce travail par application d'un pré-chargement en pression suivant la direction transversale du panneau. L'étude a montré qu'il se produit un accroissement de la chute de la charge critique de 1% pour chaque augmentation de 1 mm en amplitude du déplacement

12

transversal initial modélisant l'imperfection géométrique. Les auteurs ont insisté sur le fait que l'analyse explicite doit être menée avec un contrôle stricte du pas d'intégration numérique afin d'éviter des solutions numériques s'écartant trop de la solution physique recherchée.

Dans un autre travail dédié à la prédiction de la résistance ultime en compression des panneaux raidis en aluminium, en l'occurrence ceux qui sont communément utilisés dans les applications marines, Paik [Paik 2007a] a présenté des formules empiriques de dimensionnement. Celles-ci ont été établies à base des résultats obtenus dans le cadre du projet SR-1446 sponsorisé conjointement par l'organe américain SSC (*Ship Structure Committee*) et le groupe français Alcan Marine. Ces formules permettent de corréler la résistance du panneau aux rapports d'élancement de la plaque de fond et des raidisseurs [Paik 2007b]. Les formules incorporent implicitement les effets dus au soudage à savoir les imperfections géométriques initiales et le ramollissement qui se produit dans la zone HAZ. Des classes de qualité ont été prévues pour cela. Cependant, ces formules dépendent des panneaux testés expérimentalement et ne peuvent pas s'appliquer à une configuration quelconque des panneaux raidis.

En étudiant l'effet des imperfections géométriques initiales dues au soudage, Paik [Paik 2007c] a montré que ce type d'imperfection affecte énormément la résistance ultime des panneaux raidis construits à base de plaques soudées. L'auteur a dressé les caractéristiques des imperfections géométriques initiales se produisant habituellement durant la fabrication des panneaux raidis destinés aux applications marines. Il a synthétisé les résultats de tests expérimentaux conduits sur plusieurs prototypes de panneaux raidis construits par soudage à l'arc sous protection gazeuse (*metal inert gas welding*). Les imperfections géométriques initiales affectant les segments entre raidisseurs ont été mesurées et la moyenne et l'écart type calculés en opérant une analyse statistique sur les résultats obtenus. Ces caractéristiques sont utiles pour réaliser des simulations numériques concernant l'état limite de flambage de ces structures ou bien pour fixer les procédures de contrôle de qualité en production. L'étude n'a pas pris en considération les défauts localisés et n'a concerné que des défauts typiques se produisant suivant la larguer d'un segment du panneau.

Rønning et al. [Rønn 2010] ont réalisé des essais expérimentaux dans le but de déterminer la résistance ultime des panneaux raidis en aluminium lorsqu'ils sont soumis à la compression axiale suivant la direction perpendiculaire aux raidisseurs. Ce cas de chargement n'et pas courant et n'a pas été traité dans la réglementation européenne concernant les structures en aluminium l'Eurocode 9. Divers panneaux raidis comportant des raidisseurs ouverts ou fermés ont été testés expérimentalement dans cette étude. Les panneaux ont été fabriqués par soudage à l'arc ou par friction. Des essais complémentaires ont été effectués pour caractériser la distribution des imperfections géométriques initiales et la réduction de la rigidité dans la zone HAZ.

La cherté des essais expérimentaux et les limites objectives des formules empiriques ont poussé les chercheurs vers la modélisation. Le calcul par la méthode des éléments finis de la charge critique de flambage statique d'un panneau raidi assemblé par rivetage et soumis à la compression axiale a été considéré par Campbell et al. [Camp 2012]. Les auteurs ont appliqué au problème du flambage une méthode de quantification des erreurs de modélisation, méthode formelle apparue auparavant dans le domaine de l'analyse statique linéaire des structures. Ils ont d'abord conduit une analyse critique portant sur les différentes hypothèses retenues dans la modélisation, et relatives notamment au comportement des matériaux, conditions aux limites et imperfections géométriques. Ceci leur a permis d'identifier plusieurs sources potentielles d'erreur et d'étudier leurs effets grâce à la simulation numérique conduite au moyen du logiciel Abaqus. Les auteurs ont obtenu des estimations d'erreurs qui sont restées inférieurs à 3% dans le cas d'un panneau raidi très mince, et ce même en présence de nonlinéarités géométriques relativement importantes. Les sources principales des erreurs de modélisation qui ont été recensées comprenaient les conditions aux limites, la forme des raidisseurs et le modèle de rivetage.

Dans cette étude, les auteurs ont noté que les imperfections géométriques n'ont pas entraîné une influence significative sur la charge de ruine. Sans doute ceci est lié au fait que les auteurs ont analysé l'état limite de flambage du panneau raidi en considérant des imperfections géométriques distribuées et localisées particulières. Ils ont observé cependant que la position de l'imperfection localisée était importante alors que son amplitude exprimée en pourcentage de l'épaisseur de la plaque de fond n'induisait pas de variation notable sur la charge de ruine. Mais, aucune étude paramétrique complète relative à ce sujet n'a été menée. En effectuant des comparaisons avec les résultats expérimentaux, les auteurs ont conclu que la simulation par la méthode des éléments finis surestime légèrement la charge de ruine. Ce petit écart pourrait s'expliquer par l'hétérogénéité du matériau modélisé par la loi de Ramberg-Osgood ou la variabilité des dimensions géométriques du panneau. L'analyse n'a porté que sur un problème statique dans le cas d'un panneau raidi avec des raidisseurs relativement imposants et ne présentant pas les défauts typiques de soudage. Elle a permis cependant de valider la

14

simulation par la méthode des éléments finis à l'aide des éléments coque S4R du code Abaqus.

Toujours dans le contexte la résolution du problème de flambage par la méthode des éléments finis sous Abaqus, Paulo et al. [Paul 2013] ont conduit une analyse de stabilité des panneaux raidis soumis à la compression axiale. Ceci leur a permis de caractériser les effets induits par les imperfections géométriques initiales et les défauts de soudage sur la charge critique de flambage. Différents types et formes des imperfections géométriques initiales ont été considérés [Aalb 2001]. Les auteurs ont conclu que la modélisation par éléments finis permet de prédire correctement la charge critique de flambage même en cas de comportement élastoplastique. Par ailleurs, ils ont mis en évidence l'influence considérable des imperfections géométriques en termes de leurs formes et leurs amplitudes sur cet état limite. Une chute de la charge critique atteignant 22% a été constatée pour une amplitude d'imperfection initiale de 2mm. L'effet HAZ n'a pas induit d'influence importante sur l'état limite de flambage dans les cas qui ont été étudiés.

Récemment, la simulation par la méthode des éléments finis a été exploité par Tran et al. [Tran 2014] qui ont proposé une formule de conception empirique permettant d'estimer la résistance ultime d'un panneau cylindrique raidi en tenant compte du comportement élastoplastique du matériau conformément à l'Eurocode 3. Les auteurs ont utilisé un plan d'expérience adapté qui leur a servi d'établir cette formule. Un polynôme quadratique a été introduit pour ajuster la formule de l'Eurocode en permettant d'assurer une bonne adéquation en termes de l'erreur quadratique moyenne, coefficient R^2. Les prédictions ont été ensuite testées sur des panneaux calculés par la méthode des éléments finis sous le logiciel Ansys [Ansy 2009]. Les auteurs réclament que la formule proposée permet de rendre compte des résultats obtenus par simulation éléments finis, ce qui est plutôt un mérite propre à la formule de l'Eurocode 3 qu'ils ont utilisée et moins à l'ajustement polynomiale qui a été introduit. Aucune mention aux imperfections géométriques n'apparaît dans ce travail.

I.2. Flambage statique; analyse fiabiliste

Le caractère incertain des imperfections géométriques initiales, du chargement appliqué, des propriétés matérielles et des dimensions géométriques a invité les chercheurs à considérer l'analyse fiabiliste de l'état limite de flambage statique. Plusieurs études ont été menées à ce sujet. Elles ont abordé les méthodes d'analyse fiabiliste appropriées au problème d'instabilité par flambage et la représentation explicite de la fonction de performance décrivant cet état limite. Le calcul structural a été souvent conduit par la méthode des éléments finis et les différentes études ont essayé d'intégrer à des degrés divers l'effet des imperfections géométriques initiales.

Le premier travail remarquable dans ce contexte a été effectué par Kogiso et al. [Kogi 1997]. Les auteurs ont analysé la fiabilité de l'état limite de flambage d'une plaque fabriquée en composites avec l'objectif de maximiser la résistance en fonction de l'orientation moyenne des différentes couches qui la composent. La modélisation de la structure a été effectuée analytiquement et les auteurs ont utilisé la méthode FORM (*First Order Reliability Method*) pour conduite le calcul fiabiliste. Les constantes matérielles, les angles d'orientation et les charges appliquées ont été considérées en tant que variables aléatoires sources d'incertitudes. Les auteurs ont montré que la conception fondée sur l'analyse fiabiliste produit des prédictions plus favorables que celles correspondant à une analyse de type déterministe.

Dans un autre travail, Gomes et al. [Gome 2004] ont comparé d'une part les méthodes d'analyse fiabiliste explicites à base de surfaces de réponses (MSR) et de réseaux ANN et d'autre part les méthodes FORM et Monte Carlo avec tirage d'importance adaptatif. Les auteurs ont conclu que dans des situations où le calcul structural est complexe, rendant ainsi difficile la détermination pas à pas de la fonction de performance, les deux première méthodes s'avèrent très utiles et conduisent à des résultats garantissant une précision acceptable.

En reprenant l'approximation de l'état limite par des réseaux ANN, Pu et al. [Pu 2006] ont évalué la fiabilité de l'état limite de rupture de plaques soumises à la compression axiale. Ils ont noté que cette méthode de représentation constitue une alternative pertinente aux formules empiriques qui induisent des incertitudes non négligeables pouvant atteindre 10% en valeur relative. Les auteurs ont exploré diverses possibilités pour créer les modèles ANN à partir des enregistrements expérimentaux. Ils ont montré que ces modèles admettent systématiquement une précision plus grande que celle associée aux approximations forfaitaires de l'état limite.

En considérant les imperfections géométriques initiales, Sadovsky et al. [Sado 2007] ont étudié la résistance des plaques soumises à la compression axiale. Ils ont utilisé une mesure globale de ces imperfections fondée sur la notion d'énergie de déformation. Cette démarche leur a permis d'établir dans un contexte d'analyse fiabiliste basée sur la méthode SORM (*Second Order Reliability Method*) la borne inférieure de la résistance. Ils ont illustré la démarche dans le cas d'une plaque empruntée d'imperfections géométriques initiales aléatoires. Ils ont noté que la variabilité associée à l'incertitude sur le défaut géométrique

16

initiale est nettement plus grande que celle qui caractérise le rapport géométrique d'aspect de la plaque.

En utilisant la méthode nonlinéaire des éléments finis, Chen et al. [Chen 2007b] ont analysé la fiabilité de la fonction de performance décrivant l'état limite de résistance des ballasts de navires fabriqués en matériaux composites. Ils ont considéré les trois modes de chargement qu'engendre la houle sur la structure et ont exprimé les fonctions de performance associés en termes des variables de base de conception. L'analyse fiabiliste a été conduite au moyen d'un algorithme de type FORM amélioré. Les auteurs ont déterminé pour une structure complète de navire la sensibilité de l'état limite en fonction des différentes variables de base. Ils ont proposé aussi de remplacer celles qui n'admettent qu'une très faible influence sur le résultat par des valeurs déterministes.

Dans le contexte de la représentation de l'état limite en vue d'opérer une analyse fiabiliste explicite, Buchera et al. [Buch 2008] ont effectué une étude comparative entre les modèles approchés de type méthode de surface de réponse (MSR), base de fonctions radiales (FRB) et réseaux de neurones artificiels (ANN). Les auteurs ont conclu qu'il est essentiel que l'approximation soit de bonne qualité dans la région de l'espace des variables aléatoires de base qui contribue le plus à la probabilité de défaillance. Pour illustrer le potentiel d'application de ces différentes méthodes, les auteurs ont travaillé sur plusieurs cas d'étude en calcul non linéaire des structures. Ils ont conclu que la précision de l'approximation dépend du problème étudié et qu'il n'y a pas de choix à recommander a priori concernant la méthode d'approximation la plus adéquate. Il s'est avéré que les trois méthodes ont la capacité de représenter les états limites analysés en permettant de calculer convenablement la probabilité de défaillance. Cependant, d'un point de vue commodité de mise en œuvre, la représentation MSR est mal placée lorsqu'on est confronté à la nécessité d'utiliser des polynômes de degré élevé pour représenter les nonlinéarités présentes dans le problème avec plus de précision. D'une part le volume des calculs explose dans ces conditions et d'autre part la précision se détériore à cause des oscillations polynômiales inévitables qui apparaissent. Les auteurs ont souligné l'avantage des modèles ANN qui font appel à un nombre plus réduit de points support (points d'interpolation) en comparaison avec les deux autres méthodes examinées.

Chen et al. [Chen 2007b] ont accompli l'analyse fiabiliste des panneaux raidis chargés en compression axiale. La charge critique de flambage a été déterminée par un calcul nonlinéaire de type éléments finis. Ce calcul a été conduit sur un modèle d'endommagement de rigidité à l'aide d'un nouveau schéma numérique où l'intégration est effectuée suivant l'épaisseur des plaques qui composent le panneau. Les auteurs ont procédé à une analyse fiabiliste de type couplé en utilisant une version modifiée de la méthode FORM qui leur a permis d'éliminer de l'analyse les variables aléatoires peu significatives tout en sauvegardant le même niveau de précision. Les résultats obtenus ont montré que l'incertitude de modèle, le module d'Young, les épaisseurs des couches et la charge appliquée admettent une influence importante sur la charge critique de flambage.

Yang et al. [Yan 2013] ont effectué l'analyse fiabiliste d'un panneau raidi constitué en matériaux composites et sollicité en chargement axiale. Les auteurs ont réalisé une étude paramétrique à base d'un modèle analytique simplifié de la structure, obtenu par homogénéisation selon la théorie de Navier propre aux grillages, qu'ils ont couplé à un calcul fiabiliste via la méthode FORM. Ils ont mis en évidence l'effet de la variabilité des paramètres de conception de base sur la variabilité de la charge critique de l'état limite ultime. L'étude a pris en considération une imperfection initiale modélisée de manière forfaitaire par une pression agissant suivant la direction latérale du panneau et dont le sens d'application était dirigé de la plaque de fond vers les raidisseurs.

Sobey et al. [Sobe 2013] ont utilisé un modèle analytique de type grillage de Navier pour représenter l'état limite de ruine d'un panneau raidi fait en matériaux composites et soumis à l'action d'un chargement hors plan de type pression. Cette modélisation simplifiée leur a permis de conduire une analyse fiabiliste à base de la méthode Monte Carlo qu'ils ont comparée aux méthodes FORM et SORM. Ils ont montré que la méthode Monte Carlo permet de rendre compte de manière suffisamment précise de la probabilité de ruine pour les divers critères qu'ils considérés. Toutefois, la méthode présentée est essentiellement analytique et ne se généralise pas au cas d'une structure raidie quelconque.

En revanche, un calcul de type éléments finis est généraliste et peut être envisagé quelque soit la structure considérée. Akula et al. [Akul 2014] ont effectué l'analyse fiabiliste relative à une fonction de performance limitant la force de réaction de panneaux raidis constitués de composites lorsqu'ils sont le siège d'une compression axiale. Ils ont utilisé la méthode des éléments finis et le processus Monte Carlo pour calculer la probabilité de défaillance en fonction des paramètres de conception de base. L'estimation de la fiabilité a été réalisée de manière approximative en utilisant une méthode s'appuyant sur une base de fonctions radiales et une surface de réponse construite à partir d'un plan d'expérience numérique. Le critère qu'ils ont utilisé limite la réaction qui se développe au niveau de l'extrémité fixée du panneau sans pour autant que celle-ci ne corresponde à l'état limite de flambage. Les auteurs ont intégré dans l'analyse une imperfection géométrique répartie définie par une combinaison linéaire des cinq premiers modes de flambage d'Euler et avec des amplitudes modales en décroissance géométrique en fonction de l'ordre du mode.

Lopez et al. [Lope 2014] ont analysé la probabilité de défaillance d'une plaque composite vis-à-vis de l'état limite de rupture décrit par le critère de Tsai-Wu. Ils ont introduit pour cela une nouvelle approche à base d'une méthode appelée caractérisation complète. Cette dernière s'inspire du principe de la méthode de développement sur une base de polynômes de chaos. La réponse du système a été écrite sous forme polynômiale en termes des paramètres de base avec des coefficients qui peuvent être déterminés par collocation [Lope 2013]. Les auteurs ont comparé la méthode proposée avec les méthodes Monte Carlo et FORM. Ils réclament qu'ils ont analysé tous les cas étudiées avec des performances de précision et de convergence qui sont supérieures à celles de la méthode FORM pour un coût de calcul qui est pratiquement identique à cette dernière. La méthode proposée n'est cependant pas robuste si les paramètres de base ne sont pas parfaitement connus et supportent des erreurs. Dans ce cas un exemple cité a montré que la méthode Monte Carlo s'avère plus précise que la nouvelle démarche. Notons aussi que la mise en œuvre de l'approche par caractérisation complète exige un traitement au cas par cas et à chaque modification structurale il faut refaire la détermination des coefficients du polynôme avant de caractériser la propagation des incertitudes qui affectent les variables de base de conception afin de quantifier leurs effets sur la réponse.

La méthode Monte Carlo est réputée lente à cause de la nécessité d'effectuer le tirage d'un grand échantillon. Gaspar et al. [Gasp 2014] ont appliqué une nouvelle variante de cette méthode pour analyser la fiabilité des structures mécaniques complexes [Naes 2009]. Cette méthode permet la prédiction de la probabilité de défaillance associée à la zone de queue (zone des faibles probabilités) par extrapolation des estimations de la probabilité de défaillance obtenues par le processus Monte Carlo dans des zones intermédiaires où le tirage d'un grand échantillon n'est pas requis. Les auteurs ont montré que la méthode permet d'estimer la probabilité de défaillance avec une bonne précision et un coût de calcul très réduit par rapport à la version Monte Carlo standard. Ils ont testé la performance de cette nouvelle méthode sur un problème de flambage de panneau raidi qui a été modélisé par la méthode nonlinéaire des éléments finis avant d'être représenté de manière approchée par une surface de réponse polynomiale quadratique. Le modèle a pris en compte les imperfections géométriques initiales de type réparti.

En utilisant la méthode des éléments finis, Akula [Akul 2014] a conduit une analyse fiabiliste portant sur l'état limite de ruine des panneaux raidis constitués en composites lorsqu'ils sont soumis à la compression axiale. Des éléments massifs 3D et des éléments coques ont été considérés pour développer différents modèles qu'il a validés par comparaison avec des résultats expérimentaux. L'analyse fiabiliste a permis de rendre compte à la fois des propriétés microscopies et macroscopiques du panneau. L'auteur a mis au point un modèle approché construit selon l'approche *surrogate* où il a utilisé la méthode de base de fonctions radiales pour interpoler les points calculés par la méthode des éléments finis. La méthode Monte Carlo a été ensuite appliquée au modèle approché pour estimer la probabilité de défaillance. L'auteur a remarqué que les variables microscopiques ont plus d'influence sur la probabilité de défaillance que les variables macroscopiques. Il a noté enfin que la méthode des éléments finis avec des briques 3D était plus appropriée à décrire la jonction plaque de fond-raidisseurs que les éléments de type coque dans le cas des assemblages qu'il a examinés.

Chojaczyk et al. [Choj 2015] ont présenté une revue concernant l'usage des modèles ANN en analyse fiabiliste des structures. Ils ont commenté les différents types de modélisation ANN, les techniques d'entrainement utilisées et les méthodes couramment employées en analyse fiabiliste. Les auteurs ont présenté une chronologie des différents développements qui ont été accomplis dans ce contexte et qui concernent la représentation de la fonction d'état limite par un modèle neuronal explicite. Les modèles ANN ont été appliqués aux panneaux raidis de navires soumis au chargement axial induit par la houle. L'état limite de ruine a été déterminé par la méthode des éléments finis sous le logiciel Ansys. L'analyse fiabiliste a été conduite selon les méthodes Monte Carlo et FORM. Les auteurs ont comparé différentes stratégies d'analyse fiabiliste en cas de couplage avec la fonction d'état limite lorsque celle-ci était implicite ou en découplage lorsqu'elle est explicitée sous la forme d'un modèle neuronale. Ils ont conclu que la méthodologie à base d'une représentation explicite de type modèle neuronal est robuste et qu'elle est plus effective dans l'analyse fiabiliste des structures complexes que les autres approches classiques. Cet avantage se renforce encore lorsqu'on fait appel à des méthodes avancées d'entrainement des réseaux ANN.

I.3. Flambage dynamique; modélisation et critère de flambage

Les structures légères doivent résister dans certaines conditions à des charges dynamiques, et non pas seulement aux charges statiques qui ne varient pas dans le temps. La vulnérabilité vis-à-vis de ce type de chargement qu'elles sont susceptibles d'avoir peut entraîner une instabilité plus défavorable que celle due au flambage statique [Yaff 2003].

Le flambage dynamique n'est pas aussi simple à appréhender que le flambage statique. Les auteurs ont discuté le critère de flambage à utiliser pour prédire cet état limite et la problématique de la modélisation du comportement du panneau. La littérature est plus rare que dans le cas du flambage statique.

Le phénomène de flambage dynamique a été étudié initialement au début des années trente. Par la suite, ce phénomène a été caractérisé expérimentalement et théoriquement par de nombreux chercheurs, [Taub 1933]. Cependant, c'est seulement durant les trois dernières décennies que l'on est arrivé à progresser de manière appréciable dans la compréhension de ce problème. Sa caractéristique principale est qu'il se produit sous l'action d'un chargement dynamique transitoire de type impulsionnel où la durée de l'impulsion est un facteur clé. La mise en œuvre de l'électronique à haut débit et d'une instrumentation photographique sophistiquée ont aidé à réaliser cette avancée [Sing 1995].

La nécessité de concevoir des structures qui restent à l'abri du flambage dynamique pour certains types de sollicitations a motivé la réalisation de très nombreux tests expérimentaux [Ari 1996]. Malgré les nombreuses recherches qui ont été conduites, il n'y a pas de critère universel qui permet de définir la charge de flambage dynamique, ce qui compromet de faire une interprétation facile des résultats expérimentaux obtenus. Plusieurs critères ont été proposés dans la littérature comme nous le verrons dans le chapitre 4.

Une monographie sur le flambage dynamique des barres, plaques et coques cylindriques couvrant la recherche élaborée sur ce sujet entre 1960 et 1980 a été publiée par [Lind 1987]. Il se dégage de la plupart des travaux publiés que le flambage dynamique se produit constamment pour des charges dynamiques ayant des intensités plus grandes que les charges de flambage statiques lorsqu'elle sont appliquées sur des durées très courtes.

Une autre monographie sur le flambage dynamique des structures a été publiée par [Simi 1990]. L'étude analytique du flambage dynamique présentée par cet auteur a été consacrée au comportement des structures subissant un impact soudain et qui sont de type poutres, arcs, calottes sphériques et coques cylindriques.

Le flambage dynamique des plaques imparfaites en appui simple sur leurs extrémités et soumises à un chargement impulsionnel a été étudié par [Fahl 2000]. Pour le calcul des charges de flambage dynamique un critère formulé en termes des contraintes a été introduit. Les équations de la plaque avec nonlinéarités géométriques ont été résolues par une méthode

21

de type Galerkin. Des études paramétriques ont été effectuées. Les auteurs se sont intéressés à l'influence de la durée de l'impulsion, la forme de l'impulsion, le type d'imperfection, les dimensions géométriques et les propriétés matérielles. Ils ont conclu que les charges critiques prédites par le critère qu'ils ont introduit étaient plus pratiques à utiliser que celles décrites par les autres critères connus [Budi 1962]. Ceci n'est pas une raison suffisante en ce qui concerne l'étude du flambage dynamique que nous analyserons dans le chapitre 4 pour adopter ce dernier critère qui est plutôt de nature empirique.

A la même époque que les auteurs précédents, Ari-Gur et Simonetta [Ari 1997] ont étudié numériquement le flambage dynamique des plaques rectangulaires composites pour diverses orientations des fibres. Les auteurs ont montré que la charge de flambage dynamique n'est pas toujours supérieure à la charge critique statique. Ceci se produit en général lorsque la fréquence caractéristique du spectre du chargement impulsionnel appliqué était proche de la fréquence fondamentale de vibrations de la plaque examinée.

Kounadis et al. [Koun 2001] ont considéré le flambage dynamique dans le contexte des systèmes sensibles aux imperfections lorsqu'ils sont soumis à des charges suiveuses, donc non conservatives. Ils ont introduit une version améliorée du critère énergétique pour exprimer la perte de stabilité par divergence qui est susceptible de se produire dans ces systèmes. Le critère décrit le phénomène d'instabilité locale en un point de la trajectoire d'équilibre initiale. Il représente une généralisation du critère de stabilité bien connu de Lagrange qui s'applique aux systèmes conservatifs en exprimant la condition que la solution reste bornée. Le flambage dynamique a été défini comme étant l'état à partir duquel une perturbation du mouvement conduit soit à une solution non bornée ou bien à une réponse excessivement grande avec un attracteur trop éloigné dans le cas où l'amortissement est présent dans le système. En se servant du théorème de la valeur intermédiaire, les auteurs ont proposé une approximation pratique de la charge critique de flambage dynamique dont ils ont discutée la validité à travers plusieurs exemples. Ils concluent que le point limite obtenu via une analyse statique ne peut représenter la charge critique de flambage dynamique dans le cas des systèmes sensibles aux imperfections sous l'action de forces suiveuses. L'analyse selon l'approche dynamique nonlinéaire est par conséquent nécessaire, d'autant plus que celle-ci prédit toujours une charge critique bien inférieure au point limite statique. Le grand intérêt du critère proposé est qu'il permet d'aborder l'analyse du flambage dynamique de manière identique au cas des systèmes conservatifs.

Le flambage dynamique n'est pas à confondre avec l'instabilité dynamique de type résonance paramétrique pouvant se produire en présence d'un chargement périodique. Dans ce dernier cas, Wang et al. [Wang 2002] ont utilisé la méthode des bandes finies B-spline pour analyser les composites laminés de type plaques ou de forme prismatique qu'ils ont modélisés par la théorie de cisaillement des plaques de premier ordre. Divers types de chargements dynamiques et de conditions aux limites ont été analysés. Un indicateur d'instabilité dynamique a été introduit afin de mesurer la sensibilité en fonction de certains paramètres comprenant le rapport épaisseur sur longueur, le degré d'orthotropie, l'orientation des fibres, la forme du chargement et les conditions aux limites. Ce type d'analyse d'instabilité dynamique peut être utile pour aborder le problème de flambage dynamique en cas de divergence. Mais le terme flambage dynamique est en général réservé à l'instabilité se produisant sous un chargement de type impulsionnel.

Hohe et al. [Hohe 2006] ont analysé l'effet de la compressibilité transverse de la plaque de fond sur la réponse transitoire de panneaux en composites soumis à des chargements dynamiques rapides. L'analyse du flambage a été basée sur une théorie de coque d'ordre supérieur dans le cadre d'une formulation homogénéisée. Les équations ont été complétées par les relations de compatibilité cinématique entre le panneau de fond et les raidisseurs. Une solution analytique a été obtenue à l'aide de la procédure de Galerkin étendue. L'analyse du flambage dynamique a montré que la compressibilité transverse admet des effets différents sur la fréquence et l'amplitude des oscillations libres. Les auteurs ont noté que les différentes interactions qui ont lieu entre les oscillations globales et locales conduisent à des modes d'instabilité dont l'amplitude n'est pas prédictible a priori.

Featherston et al. [Feat 2010] ont analysé le flambage dynamique de panneaux raidis ayant différents rayons de courbure. Ils ont utilisé une démarche couplant simulation par éléments finis et expérimentation. Les tests effectués avaient pour objectif d'aboutir à la mise en œuvre d'une corrélation permettant d'utiliser les images numériques acquises à grande vitesse afin de prédire l'état limite de flambage. Les résultats d'étude de l'action d'un impact de type compression axiale appliqué au panneau ont permis de valider les analyses s'appuyant sur la méthode des éléments finis.

Dans d'autres études [Abra 2010], les auteurs ont investigué expérimentalement le flambage dynamique des plaques minces en composite stratifié. Différents rapports d'aspect et différentes conditions aux limites ont été considérées. Pour caractériser la charge critique de flambage dynamique, les auteurs ont introduit un coefficient qui donne le rapport de la charge

23

critique de flambage dynamique par la charge critique de flambage statique, DLF (*Dynamic Loading Factor*). Il était généralement supérieur à l'unité. Cependant, pour des impulsions ayant une durée proche de la première période du mode de vibrations libre en flexion de la plaque, on avait observé un DLF plus petit que l'unité. Ce qui rendait le flambage dynamique plus sévère que le flambage statique de la même structure sous un chargement admettant la même direction.

I.4. Flambage dynamique; effet de la durée de l'impulsion

Le chargement impulsionnel sous lequel le flambage dynamique est susceptible de se produire est caractérisé par une forme, une amplitude et une durée. Plusieurs travaux ont été consacrés à l'étude de l'effet particulier de la durée du chargement sur la charge critique de flambage.

Bisagni [Bisa 2005] a analysé le flambage dynamique des coques constituées de composites à base de fibres de carbone lorsqu'elles sont soumises à la compression axiale. Elle a utilisé l'approche fondée sur les équations de mouvement qui ont été résolues par la méthode des éléments finis à l'aide du code Abaqus/Explicit. Ces modèles numériques ont été validés par des essais expérimentaux réalisés dans les conditions de flambage statique. En considérant les imperfections géométriques initiales mesurées expérimentalement, l'auteur a étudié l'effet de la durée de l'impulsion. Elle a montré que les imperfections géométriques initiales et la durée du chargement dynamique ont une influence considérable sur la charge critique de flambage dynamique. Pour des durées d'application de chargement qui sont petites, la résistance au flambage dynamique est supérieure à celle du flambage statique. En augmentant la durée d'application du chargement, la résistance au flambage dynamique chute et arrive un moment où elle devient inférieure à celle obtenue en statique avant de dépasser à nouveau cette dernière. L'auteur conclut que des précautions sont nécessaires dans la pratique du fait que le chargement statique était supposé plus défavorable que le chargement dynamique.

Less et al. [Less 2012] ont étudié le flambage dynamique dans le cas des panneaux raidis constitués de matériaux composites et dont la géométrie de la coque de fond admet une forme courbe. Le panneau a été considéré sous l'action d'un chargement dynamique résultant d'un impact axial de durée finie. Les auteurs ont constaté que dans le cas où le panneau est muni de raidisseurs assez espacés la structure passe par deux états de flambage avant de rentrer en ruine: le premier état correspond au flambage du panneau de fond alors que le deuxième état met en jeu essentiellement le flambage des raidisseurs. C'est le premier état où la déformation se concentre dans les segments qui a été retenu comme étant représentatif du flambage

24

dynamique. Les auteurs ont utilisé le code de calcul aux éléments finis Ansys pour résoudre les équations du problème. Ils ont choisi des conditions aux limites traduisant celles qui sont en général associées à un panneau raidi composant le fuselage d'avions. Ils ont d'abord effectué l'analyse en flambage statique selon la méthode d'Euler, suivi d'une analyse modale avant de s'intéresser à la détermination de l'état limite de flambage dynamique. Un calcul dynamique transitoire nonlinéaire à base de la méthode de Newmark a été effectué en considérant plusieurs valeurs de l'amplitude du chargement. La durée de l'impulsion de chargement a été variée de manière paramétrique en centrant le domaine sur la zone au voisinage de la période associée à la plus petite fréquence propre de résonance en flexion du panneau. Les résultats ont été présentés sous la forme de courbes donnant le rapport d'amplification dynamique DLF en fonction de la durée d'impact. Ils ont montré que pour des périodes proches de la plus petite période de vibration en flexion du panneau, le facteur DLF est inférieur à l'unité. Ce résultat corrobore encore une fois le fait que la charge critique de flambage dynamique peut être plus défavorable qu'en flambage statique.

Featherston [Feat 2012] a analysé l'effet de la durée du chargement sur le flambage dynamique des panneaux raidis soumis à la compression axiale. Il a mis en évidence l'existence d'une relation intrinsèque entre la charge critique de flambage et la durée de l'impulsion d'impact axial, pour des durées de chargement inférieures à la première période propre du système. En se référant à la charge critique de flambage statique, il a montré que la résistance au flambage dynamique est plus grande pour les impacts brefs ayant une durée très inférieure à celle de la première période propre de vibrations de la structure. Mais pour des durées qui dépassent légèrement cette période, le chargement dynamique devient plus défavorable. L'auteur a observé aussi que le facteur d'amplification de la charge de flambage dynamique DLF a tendance à augmenter avec la courbure du panneau. Côté numérique, il a effectué une comparaison entre les deux méthodes d'intégration offertes par Abaqus: schémas explicite et implicite. Il a montré que ces deux méthodes donnent relativement le même résultat avec une erreur qui ne dépasse pas en général 1%. Cependant, le schéma d'intégration explicite s'est révélé plus performant que le schéma implicite, en termes durée de calcul et occupation de place mémoire sur la machine.

I.5. Flambage dynamique; effet des imperfections

Ils sont très rares les travaux qui ont abordé l'analyse de l'effet des imperfections sur la charge critique de flambage dynamique. Le seul que nous avons trouvé dans ce domaine a été effectué par Khedmati et al. [Khed 2014]. Les auteurs ont étudié l'état limite ultime de résistance des panneaux raidis en aluminium équipant les bateaux de grande vitesse lorsqu'ils sont sollicités dans leur plan ou hors-plan. Ils ont utilisé un calcul élastoplastique transitoire avec prise en compte des nonlinéarités géométriques pour analyser ces panneaux soumis à un chargement impulsionnel modélisant l'effet de la houle. Plusieurs facteurs ont été analysés tels que la zone affectée thermiquement HAZ, les conditions aux limites, les épaisseurs en jeu et la densité des raidisseurs transverses. L'analyse s'est appuyée sur un modèle structural construit par éléments finis sous le code Ansys avec les éléments SHELL181. Les auteurs ont comparé l'analyse dynamique avec un calcul statique en termes du DLF qui a été défini comme étant le rapport entre le déplacement transversal maximum en analyse dynamique et le déplacement transversal maximum obtenu en analyse statique, lorsque dans cette dernière la charge constante appliquée est la valeur maximale associée à l'impulsion de pression dynamique. Ils ont introduit aussi le facteur NDST (*Non-Dimensional Splash Time*) qui mesure le rapport entre la période de balayage de la houle et la période fondamentale du bateau mis à sec. Les auteurs se sont intéressés à la réponse de la structure sous l'action du chargement standardisé défini par le comité (*Ultimate Strength Committee of ISSC 2003*) [Rigo 2003] qui prévoit plusieurs scénarios d'impact. Ils ont analysé les effets des imperfections géométriques initiales réparties et de la zone HAZ sans considérer pour autant l'effet des imperfections localisées. Le travail n'a pas abordé l'aspect analyse fiabiliste de l'état limite ultime considéré.

Chapitre II

Analyse du flambage des structures minces par la méthode des éléments finis, fiabilité et modélisation par réseaux de neurones

De par leur efficacité et leur caractère généraliste, le recours aux méthodes numériques s'impose pour pouvoir étudier le comportement d'une structure quelconque susceptible de manifester le phénomène de flambage. Les méthodes numériques ont connu des développements spectaculaires ces dernières années avec la mise au point de procédures de calcul sophistiquées. Ceci a ouvert la voie à la pratique de la simulation qui permet au concepteur d'investiguer des domaines de paramètres variés dans un temps raisonnable et avec un coût de calcul maîtrisé.

Parmi les approches numériques qui ont largement fait leurs preuves, la méthode des éléments finis se distingue par sa souplesse et son accessibilité. Pour ce qui est des travaux abordés dans ce livre, la méthode des éléments finis est bien située car elle permet d'effectuer une analyse fine et très approfondie des états limites de flambage de tous types de structures. L'analyse peut être faite en statique lorsque le chargement appliqué n'évolue pas dans le temps ou en dynamique pour un chargement de type choc ou impulsion de courte durée.

Dans le cadre de ce livre, les simulations numériques sont faites conformément à la méthode des éléments finis en formulation déplacement. Le code généraliste *Abaqus* est utilisé. Nous proposons de décrire brièvement dans la suite, les principales techniques utilisées en analyse du flambage des structures minces et les procédures d'intégration numérique des équations décrivant le modèle sous le logiciel *Abaqus*.

Les résultats des simulations par la méthode des éléments finis servent à conduire l'analyse fiabiliste de la structure dans le but de déterminer la probabilité de défaillance associée à une conception donnée. Mais cette analyse ne peut pas se faire directement car l'état limite de flambage n'est pas donné de manière explicite. Une représentation de cet état est nécessaire. Comme la représentation de type surface de réponse par un polynôme de faible degré [Kmie 2002] n'est pas toujours valable du fait que le coefficient de corrélation est souvent inadéquat, nous introduisons dans ce chapitre les réseaux de neurones artificiels (ANN) de l'anglais *Artificial Neural Networks*. Nous indiquons comment mettre en œuvre ce type de modélisation qui s'avèrera très commode pour la représentation de la charge limite de flambage des panneaux raidis comme nous le verrons en détail dans le chapitre 3.

II.1 Modélisation des structures par éléments finis

L'analyse par éléments finis a montré sa polyvalence et une efficacité extraordinaire dans un grand nombre d'applications liées au calcul des structures. Les méthodes classiques d'analyse à base d'approches analytique ou empirique sont limitées par la nécessité de décrire les charges et les champs dans les structures à l'aide de fonctions mathématiques explicites ou bien de conduire des essais expérimentaux appropriés. Ceci ne peut être envisagé de manière effective que dans le cas de structures qui sont en général de forme géométrique simple et lorsqu'elles sont soumises à des conditions aux limites et de chargement très restrictives.

A l'opposé, les méthodes numériques impliquent en général la discrétisation d'une formulation variationnelle faible du problème, mieux adaptée à sa description et permettant d'intégrer a priori les conditions aux limites essentielles. La discrétisation de la structure en petits éléments sur lesquels des fonctions d'interpolation simples sont définies, et qui remplissent certaines conditions suffisantes pour entrainer la convergence de la méthode, permet d'analyser des structures ayant pratiquement n'importe quelle forme et en particulier celles qui résultent d'assemblages complexes. L'analyse ne requiert en général que l'intégration d'un système algébrique ou différentielle nonlinéaire en termes de la variable temps.

Au cours des dernières décennies le développement des ordinateurs et des logiciels de calcul aux éléments finis a permis de résoudre sans grandes difficultés les équations du modèle discrétisé. La simulation du comportement de la structure sous diverses conditions peut être effectuée de manière systématique et avec un coût de calcul acceptable. Cet essor permet de rendre compte de manière précise des différentes nonlinéarités géométriques et matérielles présentes dans le problème, de l'endommagement subi par le matériau et éventuellement de la propagation de fissures. Plusieurs phénomènes peuvent être considérés en interaction mutuelle et on trouve très facilement aujourd'hui des logiciels dits multiphysiques qui sont capables d'aborder plusieurs interactions qui interviennent simultanément dans le même problème: thermoélasticité, piézoélectricité, couplage fluide-structure,...

L'utilisation d'un schéma incrémental d'intégration pas à pas pour des systèmes nonlinéaires est une pratique rodée au sein de la méthode des éléments finis. Elle permet d'intégrer des problèmes naturellement nonlinéaires tels que ceux associés au flambage des structures ou aux développements des déformations élastoplastiques dans les matériaux qui les composent. Les outils d'intégration nonlinéaire s'appuient essentiellement sur des variantes de la méthode de Newton D'autres méthodes puissantes ont été développées récemment telle que la méthode asymptotique numérique. Les simulations conduites sur des structures élancées avec prise en compte des nonlinéarités géométriques permettent de capturer l'état limite de flambage et même de faire une excursion dans le domaine postcritique afin d'étudier la stabilité de la structure dans la nouvelle branche d'équilibre. Deux grandes familles de méthodes d'intégration numérique temporelle existent: la méthode à base des schémas implicites telles que la θ-Wislon ou la $\beta - \gamma$ Newmark et la méthode dite explicite qui simplifie les forces inertielles présentes dans le système en permettant de mieux gérer la présence d'une éventuelle nonlinéarité.

Dans la pratique, la méthode explicite s'est avérée particulièrement efficace en comparaison avec les méthodes de résolution implicites. C'est le cas par exemple des problèmes de flambage dynamique où le chargement est appliqué brusquement sur la structure sous la forme d'une impulsion transitoire de durée finie. De nombreuses études ont permis de corroborer cette remarque et en particulier dans le cas des structures de type coques ou plaques.

Dans ce livre, la procédure nonlinéaire *Abaqus/Explicit* sera utilisée pour calculer la réponse dynamique d'une plaque mince raidie par des raidisseurs. Le logiciel *Abaqus* permet d'analyser aussi le flambage dans le cadre d'une procédure linéaire suivant la méthode dite d'Euler. Mais cette approche s'avère en général insuffisante dans le cas des plaques raidies du fait de l'effet non négligeable induit par les nonlinéarités en phase précritique.

Dans le cas de l'analyse du flambage dynamique, un calcul modal sera préalablement effectué afin de déterminer la période fondamentale de la structure. Celle-ci joue un rôle fondamental dans le ce type de flambage lorsqu'on la compare avec le contenu spectral de l'impulsion définissant le chargement dynamique transitoire.

La documentation du logiciel *Abaqus* est très riche et la mise en œuvre de toutes ces procédures est immédiate, à l'exception peut-être des difficultés communes à la méthode des éléments finis concernant la convergence du maillage ou bien la précision des calculs qui est liée directement au choix du pas temporel d'intégration numérique.

Abaqus est un logiciel de simulation bien connu pour sa performance dans la modélisation des problèmes non linéaires. Il dispose d'un module *Abaqus/CAE* qui est une interface graphique permettant la gestion des opérations de modélisation et en particulier de:

• générer le fichier de données,
• lancer le calcul,
• exploiter les résultats.

La création d'un modèle sous *Abaqus/CAE* s'effectue en parcourant les modules suivants:

• Part: pour définir la géométrie des entités,
• Property: pour définir les propriétés des matériaux,
• Mesh: pour rélaiser le maillage,
• Assembly: pour créer des instances à partir des entités et les assembler (géométrie, contraintes,…)
• Step: pour choisir le type de calcul: statique, modal, dynamique, et définir les sorties,…
• Interaction: pour définir les interactions entre différentes entités du modèle,
• Load: pour définir le chargement et les conditions aux limites,
• Job : pour lancer le calcul.

II.2 Méthode numérique d'analyse du flambage statique

II.2.1 Méthode linéaire: flambage d'Euler

Lorsque les nonlinéarités géométriques ne modifient pas trop la rigidité initiale de la structure, l'analyse du flambage peut se faire par résolution d'un problème aux valeurs propres. Celui-ci permet de déterminer la charge critique de bifurcation de la structure. C'est-à-dire la charge qui entraîne le changement de la trajectoire d'équilibre initiale. La charge critique qui est obtenue par cette méthode est désignée d'habitude par la charge critique d'Euler. Nous pouvons faire au sujet de cette méthode certaines remarques:

- la charge critique de bifurcation permet une estimation correcte du flambage des structures suffisamment rigides pour lesquelles le comportement précritique est essentiellement linéaire et sans grande participation des termes dus aux nonlinéarités géométriques;
- cette procédure s'inscrit dans le cadre des méthodes dites de perturbation linéaire qui s'appuient sur l'écriture des équations d'équilibre sur une configuration déformée proche de la branche fondamentale d'équilibre avant bifurcation;

- cette méthode peut être utilisée aussi pour rendre compte de l'effet d'une imperfection géométrique de petite amplitude et analyser la sensibilité de la structure à ces imperfections;

- la méthode peut servir à étudier le comportement d'une structure précontrainte par un chargement initial, la charge critique de flambage est alors calculée pour l'état précontraint considéré de la structure.

Dans la méthode linéaire, la charge critique de flambage correspond à la valeur du chargement proportionnel pour laquelle la matrice de rigidité de la structure devient singulière. Le problème se formule alors sous la forme générale d'un problème aux valeurs propres $KV = 0$ où K est la matrice de rigidité tangente intégrant l'effet des charges appliquées de manière proportionnelle sur la déformée de la structure et V la solution non triviale en déplacement qui décrit le mode de flambage. Les charges appliquées peuvent consister en des pressions, des forces concentrées, des déplacements imposés non nuls ou provenir des déformations d'origine thermique.

L'estimation de la charge critique de flambage par résolution d'un problème aux valeurs propres (flambage classique d'Euler) fonctionne mieux dans le cas des structures minces rigides qui sont soumises à des charges agissant suivant leurs directions d'élancement. Il s'agit des actions de compression ou de type membranes et non pas des actions qui mobilisent la flexion pour laquelle la rigidité est relativement beaucoup plus faible. Le flambage se produit dans ces conditions alors que la structure n'a subi qu'une petite déformation avant bifurcation. Un exemple simple de structure rigide est le poteau, qui répond de manière très rigide à une sollicitation de compression axiale jusqu'à ce que la charge critique soit atteinte. Dès qu'il fléchit brusquement à cette charge, il présente une rigidité flexionnelle beaucoup plus faible que celle en compression et sa déformation latérale l'emporte alors sur la déformation axiale de la branche précritique.

L'analyse linéaire peut être pratiquée en tant que première approximation de la solution du problème de flambage même dans le cas des structures à comportement précritique fortement nonlinéaire. Cette analyse permettra alors d'estimer la charge critique de flambage et d'avoir une première idée sur le mode de flambage susceptible de se produire dans la structure.

Les résultats de l'analyse linéaire sont relatifs à l'état de référence de la structure. Si la procédure est appliquée sur une structure vierge non précontrainte, la configuration initiale représente la configuration de référence. Si en revanche, l'analyse est pratiquée à partir d'un état déformé sous l'effet de l'action d'un pré-chargement P, qui définit alors la configuration de référence, la charge critique obtenue se rapportera à cet état.

31

Si les nonlinéarités géométriques sont prises en compte dans le modèle d'analyse du flambage en utilisant par exemple une méthode de type incrémentale, la géométrie de l'état déformée atteint au dernier incrément calculé peut être adoptée comme configuration de référence. La méthode d'Euler peut alors être utilisée pour estimer la charge critique de flambage par rapport à cette configuration actuelle.

La mise en marche de la méthode d'Euler suppose la donnée d'un chargement notée Q appliqué à la structure analysée. L'amplitude de cette charge n'est pas importante et nous pouvons la prendre unitaire. La charge sera en effet réduite par multiplication avec la charge critique λ obtenue suite à la résolution du problème aux valeurs propres suivant

$$\left(K_0 + \lambda K_\Lambda\right) V = 0 \tag{II.1}$$

où K_0 est la matrice de rigidité correspondant à l'état de référence choisi, qui inclut éventuellement l'effet d'une charge de précontrainte P, K_Λ est la matrice de rigidité initiale résultat de l'action du chargement incrémental Q sur la déformée, λ est une valeur propre qui exprime l'amplitude critique du chargement associé au mode de flambage V.

La charge critique de flambage est définie alors par

$$P + \lambda Q \tag{II.2}$$

Normalement, la valeur propre la plus petite est celle qui présente un intérêt dans le problème pour les conditions aux limites spécifiées et lorsque la structures n'est pas restreinte contre le mouvement décrit par le premier mode de flambage qui lui est associé. Les directions de la précontrainte P et de la charge de perturbation linéaire de l'état d'équilibre atteint au dernier incrément de chargement, Q, peuvent être différentes. Par exemple P pourrait être une charge d'origine thermique causée par les changements de température, tandis que Q est provoquée par application d'une pression. Les modes de flambage V sont des vecteurs normalisés et ne représentent pas les déplacements réels que la structure subis à la charge critique définie par l'équation (II.2). C'est une analyse postcritique, nonlinéaire nécessairement, qui permettra de prédire le niveau réel de déplacement car la validité de l'analyse linéaire s'arrête à la détermination de la charge critique de flambage et du mode qui lui est associé. Les modes de flambage sont d'une grande utilité car ils permettent de prédire le mode de rupture probable de la structure.

Plusieurs normalisations sont possibles pour les vecteurs propres. Dans le logiciel *Abaqus*, ceux-ci sont normalisés de sorte que la composante maximale du déplacement a la valeur 1.0. Si toutes les composantes de déplacement sont égales à zéro, la composante maximale de la rotation est normalisée à 1.0.

La mise en marche de la méthode linéaire suppose que la résolution du problème aux valeurs propres, équation (II.1), est faisable. En ce qui concerne *Abaqus*, plusieurs méthodes numériques sont disponibles: itérations par sous-espaces, Lanczos,...

II.2.2 Méthode incrémentale nonlinéaire

L'analyse non linéaire permet de déterminer l'état d'équilibre pour une structure à comportement nonlinéaire soumise à l'action d'un chargement donné qui fait ressortir de manière significative l'effet des nonlinéarités. Dans une analyse nonlinéaire, la solution est calculée de manière incrémentale en divisant la séquence de chargement en plusieurs incréments de calcul. La solution est calculée pour chaque incrément par résolution des équations nonlinéaires après leur linéarisation locale autour de la configuration de la structure atteinte au dernier incrément calculé. Ceci permet de définir une matrice de rigidité tangente.

La matrice de rigidité tangente joue un rôle clé dans l'analyse des problèmes de flambage. Elle devient singulière lorsque la charge critique de flambage est obtenue, ce qui donne un critère permettant de déterminer l'état limite de flambage.

La méthode incrémentale nonlinéaire peut être mise en œuvre sur le système des équations d'équilibre obtenues par discrétisation d'une formulation variationnelle (telle que celle donnée par le théorème des travaux virtuels). Le problème prend alors à l'instant de calcul t_n la forme générale suivante

$$F^n(U^n) = 0 \tag{II.3}$$

où F^n est une fonction vectorielle dont les composantes nonlinéaires représentent les équations d'équilibre nodales à l'incrément t_n et U^n est le vecteur déplacement associé à cet incrément.

Le problème de base consiste alors à résoudre l'équation (II.3) pour calculer U^{n+1} à l'incrément suivant. Comme il s'agit d'un système nonlinéaire, la méthode de Newton est généralement utilisée. Le formalisme de base de cette méthode est résumé dans la suite.

Supposons qu'après n itérations le champ de déplacement approché associé à l'incrément t_n soit U^n. Soit ΔU^n l'écart supposée petit entre la solution à l'incrément t_n et la solution exacte à l'incrément t_{n+1}, il vient alors en écrivant la condition d'équilibre à l'instant t_{n+1} l'équation suivante

$$F^{n+1}(U^n + \Delta U^n) = 0 \tag{II.4}$$

En développant en série de Taylor le membre gauche de l'équation (II.4) autour de la solution connue U_k^n qui a été calculée à l'itération k, on obtient à l'itération $k+1$ l'équation suivante

$$F^{n+1}(U_k^n) + \frac{\partial F^{n+1}}{\partial U_p}(U_k^n)\Delta U_{kp}^n + \frac{\partial^2 F^{n+1}}{\partial U_p \partial U_q}(U_k^n)\Delta U_{kp}^n \Delta U_{kq}^n + ... = 0 \tag{II.5}$$

Du fait que ΔU_k^n est supposé petit, ce qui exige de travailler impérativement avec des incréments de petite taille, les termes quadratiques dans l'équation (II.5) peuvent être négligés. D'où il résulte le système des équations linéaires suivant

$$K_k^n \Delta U_k^n = -F^{n+1}(U_k^n) \tag{II.6}$$

avec $K_k^n = \dfrac{\partial F^{n+1}}{\partial U}(U_k^n)$ qui définit la matrice de rigidité tangente (matrice jacobéenne de la fonction nonlinéaire F^{n+1} évalué en U_k^n).

Après inversion du système (II.6), la solution approchée à l'itération $k+1$ s'écrit alors

$$U_{k+1}^n = U_k^n + \Delta U_k^n \tag{II.7}$$

et le processus est poursuivi jusqu'à ce que la convergence soit atteinte. Celle-ci peut être testée de manière asymptotique, c'est-à-dire que les itérations seront arrêtées dès que la différence entre deux itérations consécutives devient négligeable. Le nombre des itérations est en général petit car la vitesse de convergence de l'algorithme de Newton est quadratique.

A chaque incrément, il est possible d'appliquer un scénario de chargement, qui permet d'examiner les modes de flambage possibles, et de tester une éventuelle bifurcation par analyse de la régularité de la matrice de rigidité tangente ou par résolution d'un problème aux valeurs propres formulé spécialement pour l'incrément de calcul choisi.

Nous pouvons donc constater que la méthode nonlinéaire est couteuse lorsqu'elle est utilisée pour analyser le flambage des structures. Elle ne sera appliquée que lorsque les variations qu'elle induit avec les charges critiques calculées par la méthode d'Euler sont significatives et ne peuvent être négligées.

Pour activer la capture des points limites associés à l'état limite de flambage, la méthode de Riks est généralement utilisée. Il s'agit d'une méthode numérique très utilisée permettant de mieux gérer le passage par un point limite au voisinage duquel l'inversion de la matrice de rigidité tangente devient très délicate. Elle est particulièrement bien adaptée au cas des problèmes géométriquement nonlinéaires, car elle permet d'accélérer la convergence dans la zone où la matrice de rigidité tangente devient mal conditionnée à l'approche d'une instabilité structurale.

La méthode de Riks peut être couplée avec une analyse linéaire locale de type Euler afin d'identifier les éventuelles bifurcations susceptibles de se produire sur une trajectoire d'équilibre donnée.

II.3 Méthodes numériques d'analyse du flambage dynamique des structures minces

L'analyse du flambage dynamique requiert un calcul pas à pas du problème nonlinéaire afin de déterminer le niveau de chargement susceptible d'entrainer l'instabilité. Plusieurs méthodes d'intégration temporelle existent dans le cadre de la méthode des éléments finis. Il y a celles qui s'appuient sur des schémas implicites et celles de type dynamique explicite. Ce sont ces dernières méthodes qui s'avèrent les plus appropriées pour l'analyse du flambage dynamique. Parmi certains de leurs avantages nous pouvons citer:

- l'analyse des modèles de grande taille peut se faire avec un temps de calcul relativement court;

- il y a possibilité d'intégrer des conditions de type contact lorsqu'on veut raffiner la description des conditions aux limites;

- la prise en compte des grands déplacements et des nonlinéarités géométriques est tout à fait naturelle au sein de cette procédure;

- il y a possibilité de gérer de manière automatique le pas de calcul assurant une convergence optimale.

La procédure dynamique explicite consiste à calculer un grand nombre de petits incréments de temps où l'intégration est réalisée de manière explicite. De la sorte chaque incrément de calcul est relativement peu coûteux par comparaison avec l'intégration temporelle conduite selon la procédure directe implicite. La raison en est que dans la dynamique explicite, il n'y a pas besoin de résoudre un système d'équations. L'intégration explicite du système dynamique de second ordre se fait par un schéma aux différences centrées. Lorsqu'on exprime les équations d'équilibre dynamique à l'instant de calcul t, les accélérations peuvent être explicitement calculées à cet instant. Elles sont ensuite utilisées pour faire avancer la solution en termes des vitesses au temps $t + \Delta t / 2$ et en termes des déplacements à l'instant $t + \Delta t$.

La mise en marche de la procédure dynamique explicite nécessite la simplification de la matrice des masses. Cette dernière est remplacée par une matrice cohérente des masses où toutes les masses sont concentrées sur la diagonale de la matrice des masses calculée par la méthode des éléments finis. La procédure dynamique explicite se ramène à effectuer les approximations par différences finies centrées suivantes

$$\dot{U}^{n+1/2} = \dot{U}^{n-1/2} + \frac{\Delta t_{n+1} + \Delta t_n}{2} \ddot{U}^n \qquad\qquad \text{(II.8)}$$

$$U^{n+1} = U^n + \Delta t_{n+1} \dot{U}^n \qquad\qquad \text{(II.9)}$$

où U^n est le vecteur nodal des déplacements généralisés et l'exposant n désigne le nombre actuel d'incréments calculés dans l'étape considérée de la procédure dynamique explicite.

L'intégration temporelle de type différences finies, équation (II.8) et (II.9), est explicite dans la mesure où l'état cinématique est avancé en utilisant les valeurs déjà connues $\dot{U}^{n-1/2}$ et $\ddot{U}^n$ obtenues suite au calcul de l'incrément précédent $n-1$.

La règle d'intégration numérique explicite définie par les équations (II.8) et (II.9) est assez simple, mais ce pas ceci qui explique l'efficacité de la procédure dynamique explicite. La clé réside en fait dans l'utilisation d'une matrice des masses qui est approchée par une matrice diagonale dont l'inversion est extrêmement rapide. Son inversion permet de calculer les accélérations conformément à la relation suivante

$$\ddot{U}^n = \left(\tilde{M}^n\right)^{-1}\left(P^n - I^n\right)$$
(II.10)

où $\tilde{M}^n$ est la matrice cohérente des masses qui est diagonale, P^n le vecteur des forces extérieures appliquées et I^n le vecteur des forces internes qui est obtenu par assemblage des forces nodales de déséquilibre.

Le vecteur des forces internes I^n est assemblé à partir des contributions élémentaires sans avoir besoin de former la matrice de rigidité globale. Ceci est particulièrement intéressant numériquement dans le cas des problèmes nonlinéaires tels que ceux associés au flambage dynamiques des plaques raidies.

Le schéma d'intégration dynamique explicite requiert comme condition nécessaire la non nullité de la masse nodale et de l'inertie nodale pour tout degré de liberté actif. Au niveau des nœuds où des conditions aux limites sont imposées, la masse nodale ou l'inertie nodale ne doivent pas s'annuler simultanément pour les degrés de liberté non restreints.

Les nœuds qui font partie d'un corps rigide ne nécessitent pas de masse nodale, mais l'ensemble du corps rigide doit posséder une masse et une inertie lorsque des conditions aux limites ne bloquent pas ces degrés de liberté.

II.4. Analyse fiabiliste des structures

Les structures sont sujettes à des incertitudes dues aux variations aléatoires des dimensions géométriques, des propriétés matérielles, des conditions aux limites et des forces appliquées. Leurs réponses sont donc aléatoires et les circonstances exactes dans lesquelles le flambage se manifeste ne sont pas déterministes. La fiabilité des structures est un outil qui permet de quantifier les effets de ces incertitudes et de calculer la probabilité de défaillance associée à l'état limite de flambage à partir des densités des probabilités des variables aléatoires, qui sont présentes en entrées du problème [Ditl 1996], [Haso 1974] et [Rack 1979].

L'état de limite est décrit par une hypersurface dans le domaine des paramètres. Elle définie la frontière entre le domaine de sécurité et le domaine de défaillance. L'expression générale de l'état limite est de la forme

$$G(X) \leq 0$$
(II.11)

où X est un vecteur contenant tous les facteurs qui sont impliqués dans l'analyse fiabiliste et $G(X)$ est la fonction de performance qui caractérise l'état limite considéré.

Dans la plupart des problèmes pratiques, la fonction $G(X)$ n'est pas définie explicitement. C'est le cas en particulier du flambage des structures complexes de type panneaux raidis lorsqu'elles sont modélisées par la méthode des éléments finis. Un couplage entre le logiciel de calcul à base des éléments finis et un code fiabiliste est une méthode qui est couramment utilisée pour effectuer l'analyse fiabiliste relative à un état limite donné. Cependant, des appels fréquents au code éléments finis afin d'évaluer la fonction de performance sont nécessaires. Ces appels servent entre autres à calculer les gradients qui interviennent dans l'évaluation de l'indice de fiabilité par les méthodes de type FORM ou SORM.

Cette opération d'aller-retour entre le code de calcul éléments finis et le logiciel d'analyse fiabiliste est coûteuse, de plus le processus n'est pas robuste tout le temps et peut parfois ne pas converger dans le cas des problèmes fortement nonlinéaires. La méthode Monte Carlo qui ne nécessite pas le calcul des gradients ne converge pas rapidement car un nombre de simulations énorme doivent être effectuées. Ceci a conduit à rechercher des approximations explicites de la fonction de performance afin de gérer au mieux le calcul fiabiliste.

Il existe différentes méthodes qui permettent d'approximer la fonction de performance si cette dernière est définie implicitement. Le principe de ces méthodes est qu'elles permettent de donner une représentation mathématique simplifiée explicite de l'état limite exacte. Il devient alors possible d'évaluer la fonction de performance en termes des variables aléatoires de base présentes à l'entrée du système [Gay 2003] et [Roux 1998]. L'appel au code des éléments finis est ainsi géré plus efficacement afin d'obtenir un maximum d'informations sans tomber dans le handicap du coût de calcul.

Le modèle explicite peut être obtenu par interpolation, ou en utilisant l'approche ANN. Dans tous les cas il ne peut être valable que sur le domaine des variables où il a été construit. Son extrapolation au-delà de ce domaine doit être justifiée au cas par cas.

Le modèle analytique donnant une représentation explicite du problème s'appuie sur des essais préliminaires qui consistent en le tirage de quelques points de calcul afin de délimiter le domaine pertinent des variables de base sur lequel le modèle sera construit. Ensuite, un plan d'expérience de calcul est considéré. En général, un plan factoriel complet convient le mieux. Il suffit de fixer les niveaux discrets des facteurs intervenant dans le problème et de considérer ensuite toutes les combinaisons possibles [Roux 1998]. Chaque combinaison fera l'objet d'une simulation numérique permettant d'obtenir ainsi la charge critique de flambage.

En utilisant tous les résultats des simulations effectuées pour toutes les combinaisons, un modèle de représentation peut être élaboré. Il donnera de manière approché l'état limite de flambage ou ce qui revient au même la valeur de la fonction de performance sur tout le domaine utilisé pour sa dérivation.

Parmi les modèles construits selon cette approche, nous trouvons les surfaces de réponse qui peuvent être obtenues par régression polynomiale [Kmie 2002] et [Paik 2008]. Souvent des régressions quadratiques obtenues en choisissant trois niveaux pour chaque facteur suffisent pour traduire les nonlinéarités autour d'un point cible dans le domaine des facteurs. Le domaine ne doit pas être trop grand car dans ce cas l'approximation de la surface de réponse exacte par un polynôme quadratique ne suffit pas.

Il existe des situations où les interpolations polynomiales ne sont pas adéquates car ne permettant pas d'approcher suffisamment les nonlinéarités réelles présentes dans le problème. Ceci se traduit dans la pratique par un faible coefficient de corrélation R^2. Dans ce cas, il convient de tenter définir un autre type de modèle de représentation en utilisant par exemple la technique des réseaux de neurones ANN.

Lorsque le modèle de représentation du système a été établi, l'estimation de l'indice de fiabilité peut être effectuée directement. Pour cela, il suffit d'effectuer deux choses: définir les densités de probabilités des variables aléatoires de base et gérer la propagation des incertitudes dans le système à travers sa représentation explicite. Cette dernière étape est réalisée soit par des approches directes de type FORM ou SORM qui considèrent une approximation locale de la surface de réponse, ou bien à travers un grand nombre de tirages à base du modèle de représentation avant de procéder à une estimation statistique de la probabilité de défaillance. Cette dernière méthode appartient à la famille des approches dites Monte Carlo. Elle est particulièrement intéressante lorsque le modèle de représentation est de type ANN.

II.5. Les réseaux des neurones artificiels (ANN)

Les réseaux de neurones artificiels (ANN) ont connu ces dernières années un grand succès dans divers domaines des sciences de l'ingénieur. Dans cette section, nous nous intéressons à l'application des réseaux ANN à la représentation de l'état limite de flambage d'un panneau raidi. Des études préliminaires ont montré dans certains cas la limite de l'approche de type surface de réponse du fait que les nonlinéarités impliquées ne sont pas polynomiales, ou en tous cas représentables par des polynômes de faible degré.

Dans un premier temps, nous rappellerons les notions de base sous-jacentes aux ANN en présentant leurs types et les algorithmes d'apprentissage.

Nous présenterons aussi, la démarche de conception d'un modèle ANN et en particulier le choix des entrées et sorties, l'élaboration de la base de données et la détermination de l'architecture idéale du réseau.

II.5.1 Bref historique sur les ANN

Mc Culloch et Pitts [McCu 1943] ont été les premiers à présenter un modèle simplifié de neurone biologique appelé neurone formel. Les auteurs montrèrent par la suite que des réseaux de neurones formels simples pouvaient réaliser des fonctions logiques, arithmétiques et symboliques complexes.

Hebb [Hebb 1949] a introduit par la suite la notion d'apprentissage. Deux neurones qui entrent en activité simultanément vont s'associer du fait que leurs contacts synaptiques vont être renforcés. Rosenblatt [Rose 1958] a développé un peu plus tard le modèle du *Perceptron*. Il s'agit d'un réseau de neurones qui schématise le fonctionnement du système visuel. Il consiste en deux couches de neurones: une couche de perception qui sert à recueillir les entrées et une couche de décision. C'était le premier modèle ayant permis de définir de manière formelle un processus d'apprentissage.

Ultérieurement, Widrow et Hoff [Widr 1960] ont fait avancé les choses en s'inspirant du perceptron pour développer le modèle d'élément linéaire adaptative ADALINE (*ADaptive LINnear Element*). Ce dernier constituera le modèle de base des réseaux de neurones multicouches.

Les ANN souffraient au départ de l'impossibilité de traiter les problèmes nonlinéaires [Mins 1988]. Pour cette raison, la recherche a stagné durant longtemps à leur sujet, avec peut être seulement deux exceptions [Hopf 1982] et [Koho 1982].

La vraie révolution dans les ANN survient lorsqu'une nouvelle génération de réseaux de neurones capables de traiter avec succès des phénomènes nonlinéaires a été mise au point à base du *perceptron multicouche*. Le perceptron multicouche a été introduit par Le Cun [LeCu 1985] et désigné par son nom actuel par Rumelhart [Rume 1986]. Ces systèmes reposent sur la rétropropagation du gradient de l'erreur dans des systèmes à plusieurs couches où chacune d'elles est de type ADALINE.

L'utilisation des ANN de nos jours dans divers domaines ne cesse de s'accroître [Ayda 1998] et [Yao 2000]. Leur prédisposition à représenter des phénomènes variés a fait d'eux un outil de modélisation très puissant. Cette approche nous servira à représenter la charge critique de flambage telle qu'elle est affectée par les différentes sources de variabilité qui comprennent les dimensions géométriques, les imperfections initiales et les défauts localisés de type dépression.

II.5.2 Principe d'un neurone artificiel

Chaque neurone artificiel est une sorte de processeur élémentaire. Il reçoit en provenance de neurones en amont ou de capteurs un nombre variable d'entrées. A chacune de ses entrées est associé un poids représentatif de la force de la connexion qui existe entre le neurone actuel et le neurone en amont.

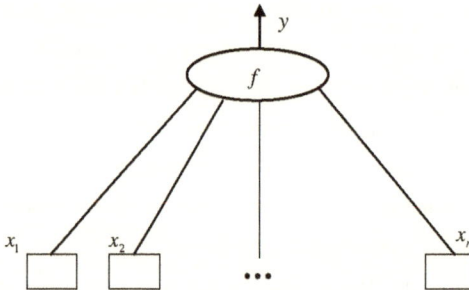

Figure II.1: Représentation d'un neurone artificiel

Chaque processeur élémentaire n'admet qu'une seule sortie. Les sorties se ramifient ensuite pour alimenter un nombre variable de neurones situés en aval. A chaque connexion est associé aussi un poids qui rend compte de la puissance de la liaison. Un neurone peut être représenté comme indiqué sur la figure II.1 [McCu 1943] et [Mins 1969].

Le fonctionnement du neurone consiste à réaliser les trois opérations suivantes sur ses entrées:

- Pondération: multiplication de chaque entrée par un paramètre appelé poids de connexion;

41

- Sommation: une sommation des entrées pondérées est effectuée;

- Activation: passage de cette somme dans une fonction, appelée fonction d'activation.

La valeur calculée après l'activation est la sortie du neurone qui est transmise aux neurones appartenant aux couches se trouvant en aval.

La fonction d'activation f joue un rôle important. Elle peut être une fonction à seuil, une fonction linéaire ou nonlinéaire. La fonction sigmoïde se présente comme une approximation continûment dérivable de la fonction d'activation linéaire par morceaux ou de la fonction seuil. Elle présente l'avantage d'être régulière, monotone, continûment dérivable, et de valeurs apparentant à l'intervalle $[0,1]$. Cette fonction est définie par

$$f(x) = \frac{1}{1+\exp(-x)} \tag{II.12}$$

La fonction sigmoïde est désignée dans Matlab par *logsig*, alors que les fonctions à seuil et linéaire correspondent à *hardlim* et *purelin*. Une autre fonction d'activation est utilisée dans la pratique, il s'agit de la fonction tangente hyperbolique

$$f(x) = \frac{\exp(x)-\exp(-x)}{\exp(x)+\exp(-x)} \tag{II.13}$$

La fonction tangente hyperbolique est désignée dans Matlab par *tansig*.

La fonction f peut être paramétrée de manière quelconque, mais deux types de paramétrages sont très courants:

- les paramètres sont attachés à la nonlinéarité du neurone: ils interviennent directement dans la fonction f ;

- les paramètres sont attachés aux entrées du neurone: la sortie du neurone est une fonction non linéaire d'une combinaison des entrées x_i pondérées par des poids w_i

$$y = f\left(w_0 + \sum_{i=1}^{n} w_i x_i\right) \tag{II.14}$$

II.5.3 Architecture des réseaux de neurones ANN

Un réseau ANN est un modèle composé de plusieurs éléments de calcul nonlinéaire (neurones), opérant en parallèle et connectés entre eux par des poids qui expriment la puissance de la liaison.

Les ANN sont des réseaux fortement connectés de processeurs élémentaires fonctionnant en parallèle où chaque processeur calcule une sortie unique sur la base des informations qu'il reçoit en entrée.

Une cinquantaine de types de neurones existent dans littérature. Parmi lesquels le perceptron de Rosemblat et les réseaux de Hopfield sont des exemples particuliers. Ces derniers sont les plus utilisés dans le domaine de la modélisation des systèmes et même dans la commande des procédés. Ils sont constitués d'un nombre fini de neurones qui sont arrangés sous forme de couches. Les neurones de deux couches adjacentes sont interconnectés par des poids. L'information dans le réseau se propage d'une couche à l'autre, on dit qu'ils sont de type direct ou *feed-forward*.

Les couches de neurones peuvent être classées en trois types:

- Couche d'entrée: les neurones de cette couche reçoivent les valeurs d'entrée du réseau et les transmettent aux neurones cachés. Chaque neurone reçoit une valeur et ne fait pas de sommation.

- Couches cachées: chaque neurone de cette couche reçoit l'information de plusieurs couches qui la précèdent, il effectue la sommation pondérée par les poids, puis la transforme selon sa fonction d'activation. Il envoie cette réponse aux neurones de la couche suivante.

- Couche de sortie: elle joue le même rôle que les couches cachées, la seule différence entre ces deux types de couches est que la sortie des neurones de la couche de sortie n'est liée à aucun autre neurone.

Selon leurs graphes de connexions, on distingue deux structures principales de réseaux ANN:
- les réseaux de neurones statiques (non bouclés).
- les réseaux de neurones dynamiques (récurrents ou bouclés).

III.5.3.1 Les ANN non bouclés

Un réseau de neurones non bouclé peut réaliser plusieurs fonctions algébriques de ses entrées par composition des fonctions réalisées par chacun de ses neurones. Dans un tel réseau, le flux d'information circule des entrées vers les sorties sans retour en arrière, figure II.2.

Si l'on représente le réseau comme un graphe dont les nœuds sont les neurones et les arêtes les connexions qui existent entre ceux-ci, le graphe d'un réseau non bouclé est acyclique.

Tout neurone dont la sortie est une sortie du réseau est appelé «neurone de sortie». Les autres, qui effectuent des calculs intermédiaires, sont des «neurones cachés».

Il existe deux types de réseaux de neurones: les réseaux complètement connectés et les réseaux à couche. Le réseau de neurones à une couche cachée et une sortie linéaire est un cas particulier de ce dernier type.

Dans un réseau complètement connecté, les entrées puis les neurones cachés et de sortie sont numérotés. Le réseau est tel que pour chaque neurone (i) ses entrées sont toutes les entrées du réseau ainsi que les sorties des neurones de numéro inférieur, (ii) sa sortie est connectée aux entrées de tous les neurones de numéro supérieur.

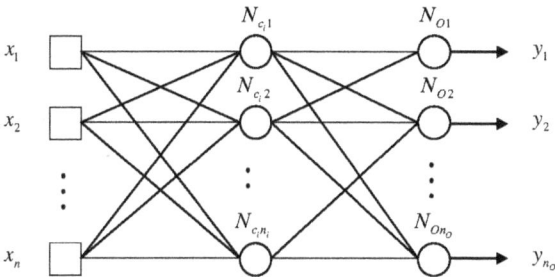

Figure II.2: Réseau de neurones à n entrées, une couche de N_c neurones cachés et N_o neurones de sortie.

Dans une architecture de type réseaux à couches, les neurones cachés sont organisés en couches, les neurones d'une même couche n'étant pas connectés entre eux. De plus les connexions entre deux couches de neurones non consécutives sont éliminées. Une telle architecture est commode surtout en raison de sa pertinence en classification.

Dans un réseau de neurones non bouclé, le temps ne joue aucun rôle fonctionnel: si les entrées sont constantes, les sorties le sont également. Le temps nécessaire pour le calcul de la fonction réalisée par chaque neurone est négligeable et on peut considérer ce calcul comme étant purement instantané.

Pour cette raison, les réseaux non bouclés sont souvent appelés réseaux statiques, par opposition aux réseaux bouclés ou dynamiques. Ils sont utilisés en classification, et reconnaissance des formes des caractères ou de la parole.

44

II.5.3.2 Les ANN récurrents ou bouclés

L'architecture la plus générale d'un réseau ANN est la configuration de réseau bouclé. Le graphe des connexions est alors cyclique lorsqu'on se déplace dans le réseau en suivant le sens des connexions. Il est possible de trouver au moins un chemin qui revient à son point de départ, un tel chemin est désigné par cycle. La sortie d'un neurone du réseau peut donc être fonction d'elle même; à cause de la causalité cela n'est évidemment concevable que si la notion de temps est prise en compte.

Ainsi, à chaque connexion d'un réseau ANN bouclé est attaché, un retard qui est multiple entier de l'unité de temps choisie en plus d'un poids, lequel apparaît seul dans les réseaux non bouclés. Vu l'impossibilité, à un instant donné, qu'une grandeur ne peut être fonction de sa propre valeur au même instant, tout cycle du graphe du réseau doit admettre un retard non nul. Les connexions récurrentes ramènent l'information en arrière par rapport au sens de propagation défini dans un réseau multicouche. Ces connexions sont le plus souvent locales.

La présence sur chaque connexion en retour d'un retard permet de conserver le mode de fonctionnement séquentiel du réseau, figure II.3.

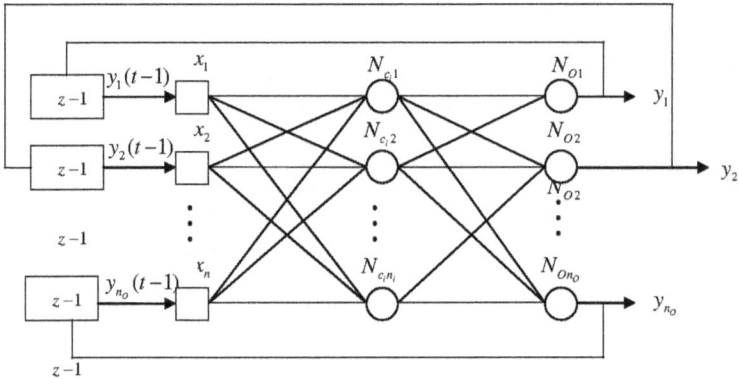

Figure II.3: Exemple d'un Réseau de neurone bouclé.

Tout réseau bouclé peut être mis sous forme canonique constituée d'un graphe acyclique, et de connexions à retard unité reliant certaines sorties de ce graphe à ses entrées.

II.5.4 Phase d'apprentissage des réseaux ANN

Un point clé dans le développement d'un réseau de neurones est lié à la phase d'apprentissage. Cette phase consiste en une procédure adaptative par laquelle les connexions des neurones sont ajustées grâce à une source d'information d'origine expérimentale [Hebb 1949] et [Rume 1992].

Dans le cas des modèles issus des réseaux ANN, on ajoute souvent à la description du modèle l'algorithme qui a servi en phase d'apprentissage. Le modèle brut sans apprentissage ne présente en effet aucun intérêt significatif.

Dans la majorité des algorithmes d'apprentissage actuels, les variables modifiées pendant l'apprentissage sont les poids des connexions. Ceux-ci sont modifiés afin d'accorder la réponse théorique du réseau à un enregistrement correspondant à des mesures expérimentales réalisées sur le système réel. Les poids sont initialisés avec des valeurs aléatoires. Les exemples expérimentaux représentatifs du fonctionnement du système dans un domaine donné des variables, sont présentés au réseau de neurones. Ces exemples sont constitués de combinaisons expérimentales entre les entrées et sorties. Une méthode d'optimisation modifie les poids au fur et à mesure des itérations conduites afin de minimiser l'écart entre les sorties calculées et les sorties observées expérimentalement.

Dans la pratique, la base d'exemples est divisée en deux parties: la base d'apprentissage et la base de test. L'optimisation des poids se fait sur la base d'apprentissage, mais les poids retenus sont ceux pour lesquels l'erreur obtenue sur la base de test est la plus faible.

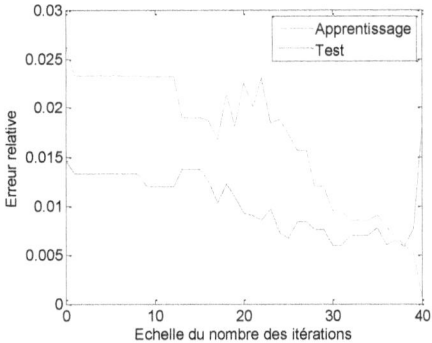

Figure II.4: Evolution de l'erreur moyenne sur la base d'apprentissage en fonction du nombre d'itérations

46

En effet, si les poids sont optimisés sur tous les exemples de l'apprentissage, on obtient une précision très satisfaisante sur ces exemples mais on risque d'avoir des problèmes à généraliser le modèle à des données nouvelles. Son pouvoir prédictif ne sera pas optimal. A partir d'un certain nombre d'itérations, le réseau ne cherche plus l'allure générale de la relation entre les entrées et les sorties du système, mais s'approche trop près des points et apprend aussi le bruit.

La figure II.4 illustre le processus d'apprentissage. On peut observer qu'au début, pour les premières itérations, l'erreur sur la base d'apprentissage est grande du fait que les poids initiaux sont choisis aléatoirement. Ensuite, cette erreur diminue avec le nombre d'itérations.

L'erreur sur la base de test diminue puis augmente à partir d'un certain nombre d'itérations accomplies. Les poids retenus sont ceux qui minimisent l'erreur sur la base de test.

Sans doute le compromis permettant de minimiser l'erreur de test, ce qui revient en d'autres termes à maximiser le pouvoir prédictif du modèle ANN, est la phase la plus délicate dans la construction de ce type de modèle. Il faut faire plusieurs essais et comparer entre elles plusieurs architectures avant d'arriver à la configuration idéale.

L'objectif fondamental de l'apprentissage étant la classification, l'approximation de fonction ou encore la prévision. Il existe plusieurs types de règles d'apprentissage. Mais, celles-ci peuvent être regroupées en trois catégories: les règles d'apprentissage supervisé, non supervisé et renforcé.

Les algorithmes utilisant la procédure d'apprentissage renforcé sont surtout utilisés dans le domaine des systèmes de contrôle. L'apprentissage non supervisé est surtout utilisé pour le traitement du signal et l'analyse factorielle.

En ce qui concerne la modélisation du phénomène de flambage, c'est le mode d'apprentissage supervisé qui convient le plus.

Un apprentissage est dit supervisé lorsque l'on force le réseau à converger vers un état final précis, en même temps qu'on lui présente un enregistrement. Ce genre d'apprentissage est réalisé à l'aide d'une base d'apprentissage, constituée de plusieurs exemples de type entrées-sorties.

La procédure usuelle dans le cadre de la prévision est l'apprentissage supervisé qui consiste à associer une réponse spécifique désirée à chaque signal d'entrée. La modification des poids s'effectue progressivement jusqu'à ce que l'erreur entre les sorties du réseau (ou résultats calculés) et les résultats désirés soit minimisée.

Cet apprentissage n'est possible que si un large jeu de données expérimentales est disponible et si les solutions sont connues pour les exemples de la base d'apprentissage.

II.5.5 Modélisation à l'aide des réseaux ANN

Deux principales stratégies existent pour la modélisation à base des réseaux ANN. La première est de type boite noire, figure II.5. Le processus entier est dans ce cas représenté avec un réseau neuronal. D'un autre côté l'approche hybride, dite aussi boite grise, est une combinaison de la modélisation traditionnelle du processus avec un réseau neuronal qui représente seulement les phénomènes moins connus du processus à modéliser.

Le terme de boîte noire s'oppose aux termes de modèle de connaissance ou tout simplement modèle physique qui désigne un modèle mathématique établi à partir d'une analyse rationnelle du système étudié. Ce modèle contient généralement un nombre limité de paramètres ajustables, qui possèdent tous une signification physique directe.

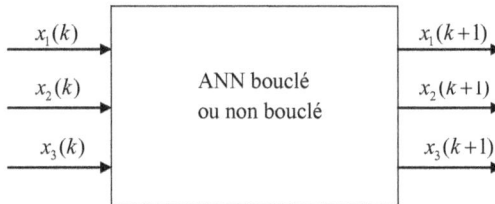

Figure II.5: Diagramme schématique d'un modèle neuronal en boîte noire

Le modèle boîte noire qui nous intéresse ici constitue la forme la plus primitive de modèle mathématique dans la mesure où il est réalisé uniquement à partir de données expérimentales ou d'observations. Il peut avoir une valeur prédictive, dans un certain domaine de validité, mais il n'a aucune valeur explicative.

II.5.6 Conception d'un réseau ANN

Les réseaux de neurones réalisent des fonctions nonlinéaires paramétrées. Leurs mises en œuvre nécessitent de franchir les étapes suivantes:

- la détermination des entrées et des sorties pertinentes, c'est à dire les grandeurs qui ont une influence significative sur le phénomène que l'on cherche à modéliser;

48

- la collecte des données nécessaires à l'apprentissage et à l'évaluation des performances du réseau de neurones;
- la détermination du nombre de neurones cachés nécessaires pour obtenir une approximation satisfaisante;
- la réalisation de l'apprentissage;
- l'évaluation des performances du réseau de neurones à l'issue de l'apprentissage.

II.5.6.1 Détermination des entrées et sorties du réseau ANN

Pour toute conception de modèle, la sélection des entrées doit prendre en compte deux préoccupations essentielles:
- la dimension intrinsèque du vecteur des entrées doit être aussi petite que possible, en d'autres termes, la représentation des entrées doit être la plus compacte possible, tout en conservant pour l'essentiel la même quantité d'information, et en gardant à l'esprit que les différentes entrées doivent être indépendantes;
- toutes les informations présentées dans les entrées doivent être pertinentes pour la grandeur que l'on cherche à modéliser: elles doivent donc avoir une influence réelle sur la valeur de la sortie.

II.5.6.2 Choix et préparation des échantillons expérimentaux

Le processus d'élaboration d'un réseau ANN commence toujours par le choix et la préparation des échantillons de données. La façon dont se présente l'échantillon conditionne largement le type de réseau, le nombre de cellules d'entrée, le nombre de cellules de sortie et la façon dont il faudra mener l'apprentissage, ainsi que les tests et la validation [Bish 1995].
Lorsque la grandeur que l'on veut modéliser est fonction d'un grand nombre de facteurs, il n'est pas possible de réaliser un maillage uniforme dans tout le domaine de variation des entrées. Il convient donc trouver une méthode permettant de réaliser uniquement des expériences qui apportent une information suffisante pour l'apprentissage du modèle. Cet objectif peut être obtenu en mettant en œuvre un plan d'expériences.
Il est nécessaire aussi de disposer de deux bases de données, une pour effectuer l'apprentissage et l'autre pour tester le réseau obtenu et déterminer ses performances.

II.5.6.3 Elaboration de l'architecture du réseau ANN

La structure du réseau dépend étroitement du type des échantillons. Il faut d'abord choisir le type de résa : un perceptron standard, un réseau de Hopfield, un réseau à décalage temporel, un réseau de Kohonen, etc...

Par exemple, dans le cas du perceptron multicouches, il faudra aussi bien choisir le nombre de couches cachées que le nombre de neurones dans cette couche.

Mis à part les couches d'entrée et de sortie, il faut décider du nombre de couches intermédiaires ou cachées. Sans couche cachée, le réseau n'offre que de faibles possibilités d'adaptation. Néanmoins, il a été démontré qu'un Perceptron Multicouches avec une seule couche cachée pourvue d'un nombre suffisant de neurones, peut approximer n'importe quelle fonction avec la précision souhaitée [Horn 1991a] et [Horn 1991b].

Un nombre plus important de neurones cachés permet de mieux coller aux données présentées. Cependant la capacité de généralisation du réseau diminue. Il faut donc trouver le nombre adéquat de neurones cachés nécessaire pour obtenir une approximation satisfaisante.

Signalons qu'il n'existe pas actuellement de résultat théorique permettant de prévoir a priori le nombre de neurones cachés nécessaires pour obtenir une performance spécifique du modèle. Il faut donc nécessairement mettre en œuvre une procédure numérique itérative de conception de modèle qui permet de tester plusieurs variantes.

II.5.6.4 Apprentissage

L'algorithme d'apprentissage est la méthode mathématique permettant de modifier les poids des connexions afin de converger vers une solution qui permettra au réseau de représenter la réponse du système. L'apprentissage est une méthode d'identification paramétrique qui permet d'optimiser les valeurs des poids du réseau.

Plusieurs algorithmes itératifs peuvent être mis en œuvre pour cela, parmi lesquels on trouve: l'algorithme de rétro-propagation, la méthode quasi-Newton, l'algorithme de BFGS etc.

L'algorithme de rétro-propagation BP de l'anglais *Back Propagation* est l'exemple d'apprentissage supervisé le plus utilisé [Refe 1994].

La technique de rétro-propagation du gradient est une méthode qui permet de calculer le gradient de l'erreur pour chaque neurone du réseau, de la dernière couche vers la première. Le principe de la rétro-propagation peut être décrit en trois étapes fondamentales: (i) acheminement de l'information à travers le réseau; (ii) rétro-propagation des sensibilités et calcul du gradient; (iii) ajustement des paramètres par la règle du gradient approximé.

Il est important de noter que la rétro-propagation souffre des limitations qui caractérisent les techniques à base de gradient à cause du risque de rester piégé dans un minimum local. En effet si les gradients ou leurs dérivées sont nuls le réseau se retrouve bloqué en un point minimum local qui peut être loin du minimum global recherché. Ajoutons à cela la lenteur de convergence surtout lorsqu'on traite des réseaux de grande taille. Pour rendre l'optimisation plus performante, on peut utiliser des méthodes de second ordre telles que les méthodes dites de quasi-Newton [Denn 1983] et BFGS [Flet 1987].

L'algorithme de BFGS (Broyden-Fletcher-Goldfarb-Shanno) prend implicitement en compte les dérivées secondes et s'avère donc nettement plus performant que la méthode de rétro-propagation. Le nombre d'itérations est nettement plus faible.

Le BFGS n'est efficace que s'il est appliqué au voisinage d'un minimum. Comme la règle du gradient simple est efficace plutôt lorsqu'on est loin du minimum, ces deux techniques antagonistes sont donc complémentaires. De ce fait, l'optimisation s'effectue en deux étapes : utilisation de la règle du gradient simple pour approcher un minimum, et de l'algorithme de BFGS pour l'atteindre.

II.5.6.5 Validation et tests

Une fois le réseau de neurones développé, des tests s'imposent afin de vérifier la qualité des prévisions du modèle neuronal. Les tests permettent ainsi de tester la capacité prédictive du modèle.

Cette dernière étape doit permettre d'estimer la qualité du réseau ANN obtenu en lui présentant des exemples qui ne font pas partie de l'ensemble d'apprentissage. Une validation rigoureuse du modèle développé se traduit par une proportion importante de prédictions exactes sur l'ensemble de la validation.

Si la performance du réseau n'est pas satisfaisante, il faudra, soit modifier l'architecture du réseau, soit modifier la base d'apprentissage.

II.5.7 Intérêt des réseaux ANN dans l'analyse fiabiliste des structures

Les réseaux ANN sont des modèles symboliques qui permettent de représenter le comportement complexe des systèmes sans avoir besoin à connaître leur comportement physique intime. Leur mise en œuvre requiert seulement de disposer d'un historique de données reliant les entrées du système à ses sorties. L'architecture interne optimale du réseau ANN est identifiée à partir de ces données d'origine expérimentales.

Les modèles ANN sont puissants et exigent relativement peu de données pour leur développement. Ils ont été utilisés avec succès pour l'approximation des fonctions et systèmes, même dans des conditions où les données sont bruitées ou incomplètes [Rafi 58].

L'introduction d'un modèle ANN en analyse fiabiliste des systèmes permet de découpler le modèle éléments finis du code fiabiliste. Les calculs éléments finis sont alors effectués pour un sous-ensemble fini de cardinal réduit qui est inclus dans l'ensemble des paramètres du problème. La détermination de cet ensemble est une étape clé dans la mise l'élaboration du modèle neuronale. Les points de calcul qui le composent doivent être sélectionnés de manière appropriée afin de servir à l'identification du modèle et à tester sa validité.

Le nombre total des simulations nécessaires reste donc très inférieur en comparaison avec ce que nécessiterait une procédure d'analyse fiabiliste entièrement couplée au code de calcul éléments finis.

Chapitre III

Flambage des panneaux raidis sous compression axiale;
effet des imperfections initiales et analyse fiabiliste

Dans le domaine du calcul des structures modernes, l'une des priorités est de gagner en poids sans perdre en résistance et rigidité. L'utilisation des raidisseurs dans les panneaux raidis permet d'améliorer la réponse structurale tout en optimisant la structure.

Assurer dans la pratique une conception optimale pour les panneaux raidis n'est pas une tâche évidente. Le problème comporte de nombreuses variables de conception et la modélisation précise de la réponse de ces structures est indispensable. Le flambage constitue souvent le cas de chargement le plus défavorable. Celui-ci est connu pour être très sensible aux diverses variations qui affectent le problème. Par conséquent, une analyse fiabiliste intégrant toutes les sources d'incertitudes qui affectent l'état limite de flambage des panneaux raidis présente d'un point de vue pratique un grand intérêt dans ce domaine.

L'analyse de l'effet dû à l'interaction entre les diverses imperfections initiales sur l'état limite de flambage est un problème important car un défaut n'apparaît pas toujours de manière isolée. Il est donc nécessaire de quantifier l'influence simultanée de tous les défauts présents sur la structure du panneau raidi pour estimer correctement la charge critique de flambage.

Nous allons présenter dans ce chapitre une analyse détaillée de l'effet de plusieurs types d'imperfections initiales susceptibles d'apparaître dans les panneaux raidis lorsque ceux-ci sont supposés soumis à une compression axiale uniforme appliquée selon la direction des raidisseurs. La simulation numérique est effectuée à l'aide du code de calcul aux éléments finis *Abaqus*.

Le cas d'un défaut localisé isolé de type perte de masse par oxydation est considéré en premier lieu. Ce défaut est schématisé par une dépression ayant la forme d'une trace de géométrie rectangulaire présente sur la plaque de fond ou bien les raidisseurs, et dont l'épaisseur sera prise variable. L'étude consiste à déterminer les caractéristiques du défaut qui affecte le plus sévèrement la résistance au flambage du panneau raidi. Ces caractéristiques comprennent les trois dimensions géométriques du défaut parallélépipédique et les coordonnées permettant de positionner son centre sur le panneau raidi.

Souvent, le panneau est assemblé par soudage qui induit des défauts initiaux de deux types:

53

les imperfections géométriques initiales sous forme de courbures dans la plaque de fond et les hétérogénéités matérielles qui apparaissent dans la zone affectée thermiquement HAZ. Des études paramétriques sont réalisées pour quantifier l'influence des différents facteurs intervenant dans ce problème sur la résistance au flambage.

Afin de déterminer la fiabilité de l'état limite de flambage, la modélisation de la réponse du système est faite par la méthode des réseaux de neurones artificiels ANN. En supposant un modèle fiabiliste de type blocs où les contributions des facteurs sont considérés indépendantes, l'analyse fiabiliste est ensuite réalisée en utilisant la méthode Monte Carlo.

III.1 Imperfections initiales

Quel que soit le procédé de fabrication utilisé pour les panneaux raidis, la géométrie finale ne sera jamais parfaite car elle contiendra un certain nombre d'imperfections géométriques et matérielles initiales. Le contrôle du procédé de fabrication de ces structures permet de diminuer l'amplitude des imperfections, mais ne pourra jamais les éliminer complètement. Or, la réponse des panneaux raidis est largement influencée par les nonlinéarités géométriques et matérielles présentes dans la structure. Les imperfections géométriques initiales sont de deux types: défauts localisés et imperfections réparties sur une grande zone de la structure. Les défauts matériels se classent en deux grands types : hétérogénéité des propriétés matérielles et contraintes résiduelles.

Le chargement appliqué de même que les conditions aux limites ne sont jamais parfaits dans la réalité et des imperfections significatives peuvent en résulter. Dans la pratique toutes les formes d'imperfections sont présentes et l'analyse de l'effet de leur interaction sur la résistance au flambage est nécessaire afin de garantir la sécurité du dimensionnement.

La détermination des imperfections géométriques initiales est une étape essentielle dans l'analyse au flambage du panneau raidi. Celles-ci doivent être caractérisées expérimentalement par des mesures faites sur la structure fabriquée avant d'être décrites par des distributions statistiques qui rendent compte de la variabilité de ces défauts. Les imperfections matérielles doivent aussi être caractérisées expérimentalement en fonction de la procédure d'assemblage utilisée. Si nous considérons le cas des structures d'avions, l'assemblage se fait souvent par soudage par friction (FSW) *Friction Stir Welding*. Ce procédé peut être caractérisé par des tests expérimentaux qui vont permettre d'optimiser le procédé et de quantifier aussi les imperfections géométriques et matérielles qu'il engendre dans le panneau raidi assemblé.

Une fois toutes les imperfections initiales bien décrites, l'analyse de la réponse de la structure sous les divers types d'imperfections peut être réalisée au moyen d'un modèle structural adéquat. Des études paramétriques peuvent alors être conduites. Nous considérons dans la suite la modélisation par la méthode des éléments finis sous le logiciel *Abaqus*. Cette méthode permet une description fine des imperfections géométriques initiales et des imperfections matérielles. Elle offre plusieurs méthodes de calcul de l'état limité de flambage. Dans le cas des panneaux raidis, nous appliquerons systématiquement l'analyse nonlinéaire qui s'adapte bien à la description des imperfections initiales.

Les imperfections géométriques représentent la déviation du profil actuel par rapport à la géométrie parfaite projetée lors de la conception de la structure. Les imperfections géométriques comprennent le défaut de rectitude suivant une direction du profil, le défaut de planéité des parois et le déversement des sections. Ces imperfections sont identifiées pour une structure donnée ou estimées par des distributions statistiques établies au préalable. Les structures formées du même matériau et fabriquées par le même procédé partagent ces distributions statistiques qui donnent en effet la probabilité d'observer un défaut géométrique donné sur la structure considérée.

Faute de disposer d'une banque de données qui caractérisent statistiquement l'imperfection géométrique initiale, il est possible d'estimer formellement le comportement de la structure en injectant des défauts artificiels modèles. Il suffit d'avoir une idée sur l'amplitude maximale de l'imperfection géométrique initiale et le défaut artificiel pourra être décrit de manière proportionnelle à l'un des premiers modes de flambage d'Euler de la structure. En général, le premier mode est le plus critique. Les modes de flambage d'Euler sont eux calculés par une analyse purement linéaire du problème de flambage qui est effectuée sur la structure parfaite. Cette possibilité de représenter les imperfections géométriques initiales de manière synthétique permet de se placer souvent dans le sens de la sécurité car les défauts réels sont moins pénalisants que ces derniers. Cependant, elle s'avère souvent trop conservative dans la pratique car elle sous-estime beaucoup la résistance réelle au flambage.

III.2 Analyse de l'effet des imperfections géométriques initiales localisées sur le flambage des panneaux raidis

On considère un panneau raidi constitué d'un matériau élastique linéaire et homogène. Le panneau est supposé le siège d'une imperfection géométrique localisée. Nous considérons le problème de l'évaluation de la charge critique de flambage de ce panneau lorsqu'il est soumis à la compression axiale ayant lieu dans son plan et dans le sens de la direction longitudinale des raidisseurs.

Pour une configuration topologique donnée du panneau raidi, l'accent est mis sur l'effet combiné résultant des dimensions géométriques et des caractéristiques du défaut localisé. Le panneau raidi parfait, c'est-à-dire ne souffrant d'aucune imperfection géométrique, est pris comme référence pour quantifier l'effet de l'imperfection géométrique sur la charge critique de flambage. Le défaut est choisi sous la forme d'une dépression carrée ayant un côté et une profondeur donnés. La dépression schématise par exemple la perte de matière provoquée par la corrosion.

L'analyse de l'état limite de flambage est effectuée à l'aide de la méthode des éléments finis sous le logiciel *Abaqus*. Des simulations sont réalisées selon un plan d'expérience en factoriel complet construit sur les principaux facteurs qui interviennent dans le problème.

III.2.1 Modélisation par éléments finis du flambage d'un panneau raidi muni d'une dépression localisée

On considérée un panneau raidi encastré sur le bord $x = 0$ et dont tous les déplacements et rotations sont bloquées sauf le déplacement axial selon x sur le bord d'application d'un chargement de compression uniforme, figure III.1. Les bords latéraux sont bloqués contre les rotations autour des axes x et z. La force de compression P_x agit sur la plaque de fond suivant la direction axiale du panneau raidi.

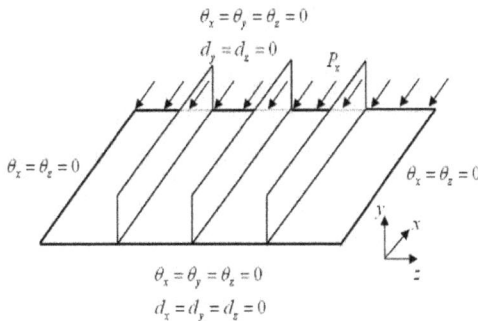

Figure III.1: Schéma du panneau raidi considéré dans cette étude; les conditions aux limites et le chargement appliqué sont indiqués

Sur la figure III.7, les déplacements sont indiqués par d et les rotations par θ. Les conditions aux limites sur les bords sont intermédiaires entre celles associées à un bord libre et celles qui apparaissent dans le cas d'un bord en appui simple.

On considère dans la suite un panneau ayant 4 segments de fond égaux et trois raidisseurs identiques.

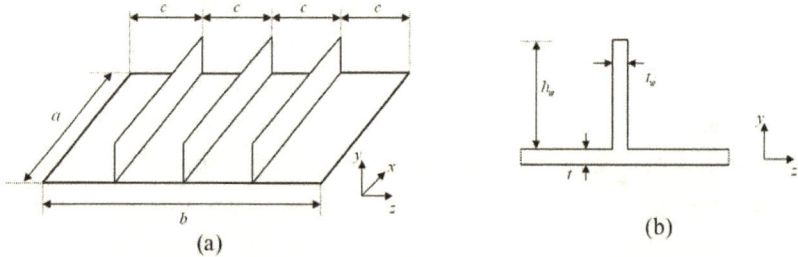

(a)

(b)

Figure III.2:(a) Dimensions géométriques du panneau raidi;
(b) Dimensions géométriques d'un raidisseur du panneau

La figure III.2(a) montre la configuration géométrique du panneau raidi. Sur cette figure, a représente la longueur du panneau, b sa largeur, c la largeur des segments de fond mesurée entres les axes des raidisseurs. La figure III.2 (b) donne les caractéristiques géométriques d'un raidisseur. Celles-ci comprennent l'épaisseur de la plaque de fond t, l'épaisseur du raidisseur t_w et sa hauteur h_w.

Le panneau raidi est supposé avoir une dépression ayant la forme d'un patch carré placé sur l'âme du raidisseur ou sur un segment de fond. L'orientation du patch est parallèle à l'axe des x, et selon que la dépression est située sur un segment ou sur l'âme d'un raidisseur son deuxième côté est parallèle à l'axe des z ou bien l'axe des y. Quatre configurations différentes sont considérées en fonction de la position du centre du défaut sur un segment central, segment latéral, raidisseur central ou raidisseur latéral.

Les figures III.3(a) et III.3 (b) montrent respectivement un défaut présent sur l'âme d'un raidisseur central et sur un raidisseur latéral. Les figures III.3(c) et III.3(d) montrent respectivement un défaut présent sur un segment central et un segment latéral.

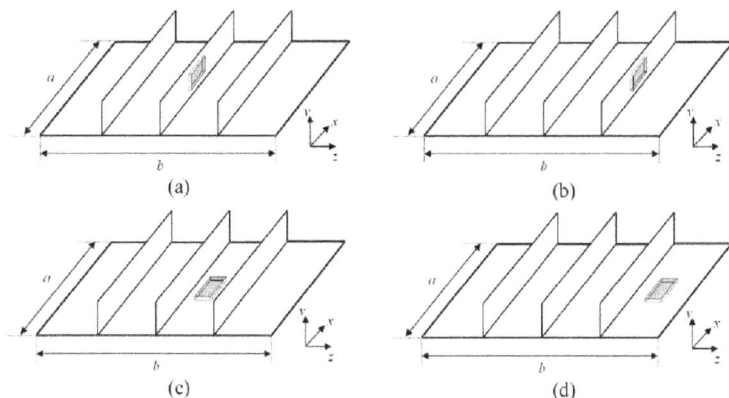

Figure III.3: Configuration de l'imperfection géométrique de type dépression située sur un segment ou bien une âme de raidisseur

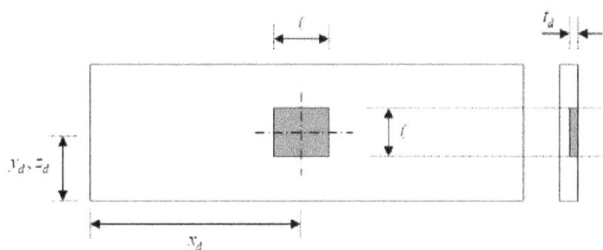

Figure III.4: Paramètres décrivant l'emplacement, la profondeur et l'étendue d'une dépression carrée située sur un segment ou un raidisseur du panneau raidi

La figure III.4 indique les caractéristiques de la dépression que nous avons considérée. La coordonnée x_d donne la position suivant l'axe des x du centre du défaut, y_d est la coordonnée du centre suivant l'axe des y pour un défaut situé sur l'âme d'un raidisseur, z_d est la coordonnée du centre du défaut suivant l'axe des z dans le cas où il est situé sur un segment, t_d est la profondeur du défaut et ℓ la longueur de son côté.

Le maillage éléments finis conçu sous *Abaqus* est défini par les éléments de coque à 4 nœuds S4R [Anou 2010]. Parmi les propriétés remarquables de cet élément, on peut noter la possibilité de rendre compte des rotations finies et sa capacité à représenter la tension de membrane. L'élément possède six degrés de liberté à chaque nœud: trois associés aux

58

translations dans les directions des axes x; y et z et les trois autres représentent les rotations autour de ces axes.

Les propriétés du matériau élastique linéaire isotrope et homogène sont décrites par le module d'Young E et le coefficient de Poisson ν qui sont pris constants dans la présente étude.

Afin d'analyser la variabilité de la charge critique de flambage, nous considérons dans la suite la séparation entre l'effet dû aux dimensions géométriques et celui résultant de l'imperfection géométrique localisée de type dépression. Nous étudions l'effet des rapports d'aspect et d'élancement du panneau ainsi que l'épaisseur d'âme sur la charge critique de flambage.

III.2.2 Panneau parfait: analyse de l'effet des dimensions géométriques du panneau sur la charge critique de flambage

Afin d'étudier l'influence des dimensions géométriques d'un panneau sur la charge crique de flambage, nous fixons sa longueur à la valeur $a = 1800$ mm et nous faisons varier le rapport d'aspect de la plaque a/b dans l'ensemble $\{1, 2, 3\}$. Nous choisissons un rapport d'élancement b/t dans l'ensemble $\{28.57, 163, 64\}$. Le tableau III.1 donne les valeurs des paramètres géométriques qui décrivent la configuration du panneau raidi objet de l'étude. Trois niveaux ont été choisis pour chaque paramètre afin de rendre compte d'une éventuelle nonlinéarité au niveau de la charge critique de flambage. Les niveaux ont été fixés suite à des calculs préliminaires qui ont permis de délimiter les zones intéressantes des paramètres en considérant aussi les rapports d'aspect et d'élancement utilisés couramment dans la pratique.

Niveau du paramètre	$b\,(mm)$	$t\,(mm)$	$t_w\,(mm)$	$b_w\,(mm)$
Bas	600	11	9	90
Moyen	900	16	12.5	127
Haut	1800	21	16	164

Tableau III.1: Niveaux des quatre facteurs considérés pour analyser l'effet des dimensions géométriques du panneau raidi sur son flambage

Pour évaluer l'effet des dimensions géométriques sur la charge critique de flambage, les simulations sont effectuées selon un plan d'expérience en factoriel complet. Le tableau des combinaisons construites à partir du tableau III.1 comprend ainsi un ensemble de $3^4 = 81$ combinaisons possibles.

Pour chaque combinaison, une simulation à l'aide de la méthode des éléments finis est réalisée. Celle-ci consiste à réaliser un calcul nonlinéaire où les nonlinéarités géométriques sont activées dans l'élément S4R. Les itérations sont contrôlées par le critère de longueur d'arc selon la méthode *Riks* qui permet de déterminer la charge de flambage comme étant celle associée au point limite sur la courbe donnant la contrainte uniforme résultant de la charge axiale appliquée en fonction du raccourcissement du panneau, figure III.5.

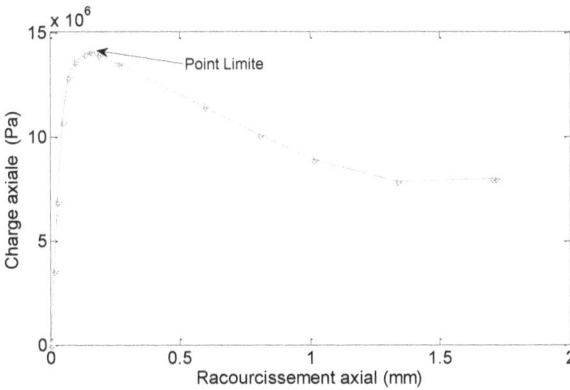

Figure III.5: Courbe donnant la contrainte appliquée en fonction du raccourcissement du panneau pour les paramètres: $b = 1800mm$, $t = 11mm$, $t_w = 9mm$ et $h_w = 90mm$; la contrainte de flambage est donnée par le point de tangente horizontale sur la courbe

En fixant les propriétés matérielles aux valeurs suivantes: $E = 2.085 \times 10^{11} Pa$ et $\nu = 0.3$, les résultats obtenus pour les 81 simulations sont montrés sur la figure III.12. A la convergence de la méthode des éléments finis, le nombre d'éléments de taille uniforme de type coque S4R généré par la commande *mesh* a varié entre 1380 pour $a/b = 3$ et 4140 pour $a/b = 1$. L'ordre de la combinaison résulte directement du tableau III.1, avec la convention que le facteur le plus à gauche varie le plus lentement.

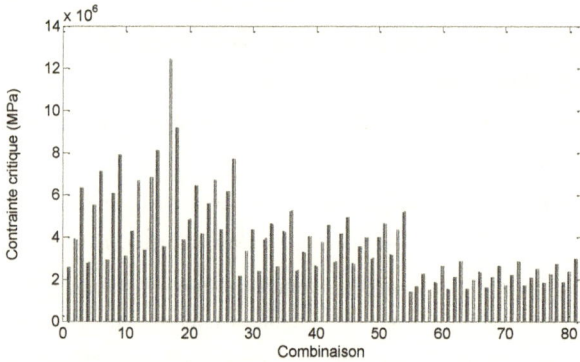

Figure III.6 : Contrainte critique de flambage en fonction de la combinaison considérée des facteurs géométriques du panneau raidi parfait

Dans le cas de la plaque raidie parfaite, les calculs ont été effectués avec le logiciel *Abaqus* pour l'ensemble des 81 combinaisons. La figure III.6 donne la contrainte critique de flambage en fonction du numéro de la combinaison.

Les résultats des simulations ont permis aussi d'identifier la configuration géométrique la plus défavorable, c'est-à-dire celle pour laquelle la contrainte critique de flambage est la plus faible. Elle correspond à la combinaisons numéro 55 du tableau factoriel complet, c'est-à-dire aux paramètres suivants: $b = 1800mm, t = 11mm$, $t_w = 9mm$ et $h_w = 90mm$. La contrainte critique de flambage minimale est $\sigma_{p,\min} = 1.4117 \, MPa$, la charge critique associée est $P_{x,cr} = 15.495 kN/m$.

61

Figure III.7: Isovaleurs de la déformée du panneau raidi à l'état limite de flambage pour $b = 1800mm, t = 11mm$, $t_w = 9mm$ et $h_w = 90mm$; **le déplacement maximal est** $0.21m$.

La figure III.7 donne le mode de flambage obtenu pour les paramètres réalisant la charge critique minimale. La figure III.8 donne les contours de la contrainte de von Mises. Elle montre que la contrainte maximum atteinte est $\sigma_{vm,max} = 13.14 MPa$, le panneau subit donc des contraintes qui restent dans le domaine élastique si l'on suppose que la contrainte limite d'élasticité est $\sigma_y = 300 MPa$.

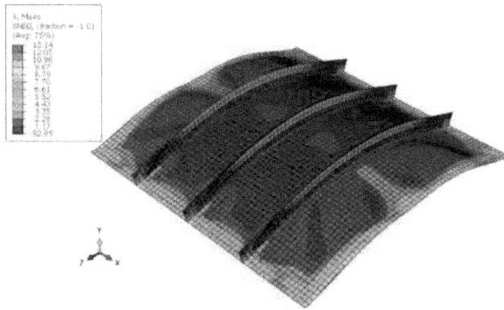

Figure III.8: Isovaleurs de la contrainte de von Mises à l'état limite de flambage pour $b = 1800mm, t = 11mm$, $t_w = 9mm$ et $h_w = 90mm$; **la contrainte maximale est** $13.14 MPa$.

Les résultats des simulations obtenus pour les 81 combinaisons permettent d'effectuer une régression polynomiale sous forme d'un polynôme quadratique en termes des variables adimensionnelles: $\overline{b} = b(mm)/1800$, $\overline{t} = t(mm)/21$, $\overline{t_w} = t_w(mm)/16$ et $\overline{h_w} = h_w(mm)/164$.

Le polynôme quadratique obtenu avec un coefficient de corrélation $R^2 = 0.86$ permet de calculer la contrainte critique de flambage sous la forme suivante

$$\bar{\sigma}_p\left(\bar{b},\bar{t},\bar{t}_w,\bar{h}_w\right) = \text{-0.63358-0.91037}\bar{b}\text{+1.06187}\bar{t} + 0.17826\bar{t}_w\text{+1.561995}\bar{h}_w$$
$$\text{-0.045253}\bar{b}\bar{t}\text{-0.39657}\bar{b}\bar{t}_w\text{-0.68587}\bar{b}\,\bar{h}_w\text{-0.045784}\bar{t}\,\bar{t}_w\text{-0.30124}\bar{t}\bar{h}_w \qquad \text{(III.1)}$$
$$\text{+0.31817}\bar{t}_w\bar{h}_w\text{+1.0193}\bar{b}^{\,2}\text{-0.46563}\bar{t}^{\,2} + 0.02924\bar{t}_w^2\text{-0.48421}\bar{h}_w^2$$

La contrainte de flambage réelle s'obtient alors par: $\sigma_p(MPa) = 12.41\bar{\sigma}_p$.

L'analyse de variance conduite sur les résultats de simulation a montré que la largeur b est le paramètre ayant la plus grande influence sur la variabilité de la charge critique, comme le montre la statistique de Fisher qui prend pour ce paramètre la valeur $F = 164.3$. La largeur b est suivie par la hauteur h_w pour laquelle $F = 71.4$. Viennent ensuite t_w avec $F = 14.4$, puis l'interaction entre les facteurs b et h_w avec $F = 11$.

Le coefficient de corrélation n'est pas très proche de 1. La précision de la formule (III.1) n'est pas maximale. Moyennant l'introduction d'un certain nombre de simulations complémentaires, fixé ici à 16 et pour lesquelles deux niveaux ont été choisis pour chaque paramètre, une modélisation de type réseau de neurones est possible. Ce type de modélisation permet une corrélation nettement plus adéquate que la surface de réponse définie par l'équation (III.1) comme nous le verrons dans la suite.

Le modèle ANN pour prédire la contrainte critique de flambage a été établi selon une procédure de type prédiction-correction. La boite d'outils de Matlab ANN a été utilisée. Le but est de déterminer le nombre des couches cachées et les neurones qui forment chaque couche ainsi que le taux d'apprentissage idéal. Plusieurs structures ANN ayant un nombre variable de neurones cachés ont été comparées. Après exécution de la procédure d'apprentissage, les poids optimaux entre chaque neurone et celles qui l'affectent ont été identifiés. Un nombre maximum de 2000 époques a été fixé pour la phase d'apprentissage. L'erreur d'apprentissage a été fixée à 2×10^{-6}. La figure III.9 donne l'évolution de l'erreur d'apprentissage en fonction des itérations. On atteint ainsi l'erreur de 2×10^{-6} au bout de 1277 itérations.

La structure optimale trouvée correspond à l'architecture 4-7-5-1. L'erreur relative maximale durant les tests n'a pas dépassé $\varepsilon = 1.5\%$. Le coefficient de corrélation a atteint dans ce cas

99.9%, ce qui montre la puissance d'un modèle neuronal en comparaison avec une surface de réponse polynomiale quadratique.

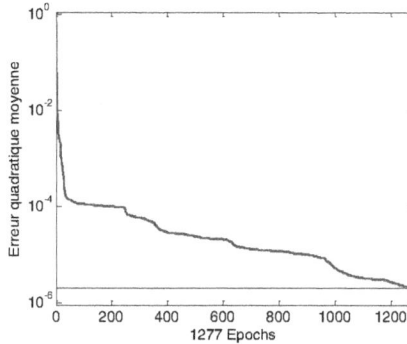

Figure III.9 : Evolution de l'erreur d'apprentissage durant les itérations

Le modèle ANN optimal est donné sous la forme symbolique suivante en langage Matlab:

```
newcf([1/3; 11/21 1; 9/16 1; 90/164 1],[1 7 5 1], {'purelin'
'tansig' 'tansig' 'purelin'}, 'trainbfg', 'learngd', 'msereg')
```

III.2.3 Panneau imparfait: analyse de l'effet de la position et de l'épaisseur de la dépression sur la charge critique de flambage

Pour la combinaison la plus défavorable en termes de la résistance au flambage, telle que cela a été déterminée par les gammes des paramètres définis dans le tableau III.1 présenté dans la section précédente, les quatre cas de panneaux raidis imparfaits représentés sur la figure III.3 sont étudiés dans la suite. La dépression modélise une imperfection géométrique initiale localisée. Il est évident que plus la longueur du côté de la dépression est grand et plus la réduction qui affecte la résistance au flambage sera importante. Dans la pratique, un défaut résultant de la corrosion ne peut dépasser la longueur $\ell = 30mm$ seuil à partir duquel il faudra procéder à la réparation du panneau. Pour cette raison, nous donnons au défaut sa longueur maximale possible et nous étudions l'effet des autres paramètres géométriques qui le caractérisent à savoir l'épaisseur t_d ainsi que les coordonnées du centre du défaut (x_d, y_d) ou (x_d, z_d) selon que celui-ci est placé sur un segment de la plaque de fond ou bien sur l'âme d'un raidisseur.

64

Quand le défaut est placé sur un segment de la plaque de fond, le tableau III.2 donne les niveaux choisis pour l'étude paramétrique. L'origine des coordonnées coïncide avec le coin inférieur gauche du segment sur lequel est placée la dépression.

Quand le défaut est placé sur l'âme d'un raidisseur, le tableau III.3 donne les niveaux choisis pour l'étude paramétrique. L'origine des coordonnées coïncide dans ce cas avec le coin inférieur gauche du raidisseur sur lequel la dépression a été placée.

Niveau du paramètre	$t_d (mm)$	$x_d (mm)$	$z_d (mm)$
Bas	1	180	52.5
Moyen	3.25	860	180
Haut	5.5	1540	371.5

Tableau III.2: Niveaux des facteurs décrivant une dépression carrée située sur un segment de la plaque de fond du panneau raidi

Niveau du paramètre	$t_d (mm)$	$x_d (mm)$	$y_d (mm)$
Bas	1	427	30
Moyen	2.75	885	60
Haut	4.5	1343	90

Tableau III.3: Niveaux des facteurs décrivant une dépression carrée située sur l'âme d'un raidisseur

Pour les deux tableaux III.2 et III.3 un plan d'expérience numérique comprenant un ensemble de combinaisons au nombre de 27 a été construit. Un ensemble de 108 simulations numériques ont été réalisées. Elles correspondent aux quatre cas suivants :

- Cas 1: panneau raidi muni d'un défaut de type dépression placé sur le raidisseur central;
- Cas 2: panneau raidi muni d'un défaut de type dépression placé sur le raidisseur latéral;
- Cas 3: panneau raidi muni d'un défaut de type dépression placé sur un segment latéral;
- Cas 4: panneau raidi muni d'un défaut de type dépression placé sur un segment central.

La figure III.10 récapitule les résultats des simulations pour les 4 cas et les 27 combinaisons associées à chaque cas. Ici aussi le facteur le plus à gauche dans les tableaux III.2 et III.3 varie le plus rapidement dans la génération de la combinaison.

La figure III.10 montre que la présence d'un défaut entraîne dans tous les cas une réduction de la charge de flambage en comparaison avec le panneau parfait associé. La réduction qui atteint la contrainte critique de flambage varie selon le cas étudié entre 56% à 79%. La figure III.10 montre également que c'est le cas 4 qui présente l'état le plus défavorable en termes de la sensibilité de la charge critique de flambage aux imperfections géométriques initiales de type dépression carrée localisée. Ensuite, on trouve le cas 3 qui correspond à la dépression placée sur le segment de rive et enfin les cas 1 et 2 pour lesquels le défaut est placé sur un raidisseur avec ces deux derniers cas qui donnent des résultats pratiquement constants et très proches les uns des autres quelque soit la combinaison considérée.

Ceci permet de conclure que la dépression affectant le segment central de la plaque de fond produit l'effet le plus sévère sur la résistance au flambage. La chute qui affecte la charge critique de flambage ne peut pas être ignorée et une analyse concernant les imperfections géométriques de ce type est donc nécessaire.

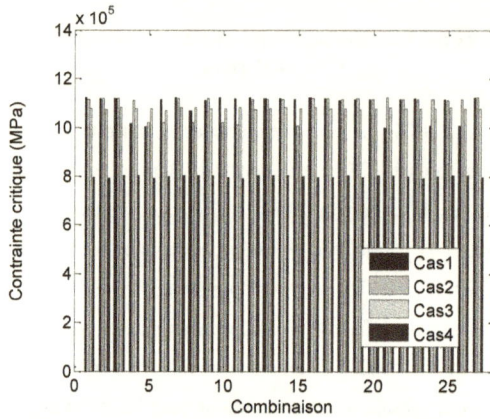

Figure III.10: Panneau raidi imparfait; rapport de la contrainte de flambage sur la contrainte de flambage de la plaque parfaite en fonction du cas d'étude et de la combinaison considérée

Sur l'ensemble des résultats obtenus, la situation la plus défavorable correspond à $t_d = 5.5mm$, $x_d = 180mm$ et $y_d = 52.5mm$. La contrainte de flambage vaut dans cas $\sigma_{cr} = 0.7921\,MPa$, ce qui est bien inférieur à la contrainte $\sigma_{p,\min} = 1.4117\,MPa$ qui été obtenue dans le cas d'un panneau parfait. La chute de la résistance au flambage atteint dans ces conditions 43.9%. Elle est de 29.5% pour le Cas1, 28.7% pour le Cas2 et 24.1% pour le Cas.3.

Afin de déterminer l'influence relative des facteurs, l'analyse de variance a été conduite sur les résultats obtenus. Le tableau III.4 montre que les facteurs et leurs combinaisons ont des effets comparables quelque soit le cas considéré. Dans les cas 1 et 2 l'épaisseur de la dépression t_d se distingue et ce facteur influence de manière notable la variabilité de la résistance au flambage. Dans le cas 4 le facteur y_d admet la plus grande d'influence sur la résistance, alors que dans le cas 3, c'est l'interaction entre x_d et y_d qui domine les autres contributions à la variabilité.

Contrairement à l'intuition qui nous conduirait à croire que c'est l'épaisseur de la zone corrodée qui a la plus grande influence sur le flambage, les résultats du tableau 4 précisent les choses dans un sens complètement contraire à cette idée lorsque la dépression se trouve sur un segment du panneau raidi.

67

Paramètre	Cas 1	Cas 2	Cas 3	Cas 4
t_d	2.36	1.82	0.11	0.32
x_d	0.93	0.81	1.10	0.93
y_d	0.66	0.56	0.66	2.75
$t_d x_d$	1.90	0.73	0.55	1.16
$t_d y_d$	0.71	1.24	0.81	0.52
$x_d y_d$	1.59	0.83	1.69	1.68

Tableau III.4: Valeurs de la statistique de Fisher associées à chaque facteur pour chaque cas d'imperfection du panneau raidi de type dépression carrée localisée

Par ailleurs, à l'opposée du cas précédent où une surface de réponses a pu être construite pour représenter la réponse du panneau raidi parfait dans le domaine choisi des paramètres qui fixent la géométrie du panneau, la régression polynomiale donne ici des résultats très pauvres. Le coefficient de corrélation calculé varie ente 25% et 45%. Ceci veut tout simplement dire les nonlinéarités présentes dans le problème de la résistance au flambage pour le panneau raidi souffrant d'une imperfection géométrique localisée ne peuvent pas être décrites par un polynôme quadratique. Chercher un polynôme de degré supérieur nécessitera un plan d'expérience volumineux. D'où l'intérêt d'envisager dans ce cas une modélisation à base des réseaux ANN.

	Taille de l'échantillon d'apprentissage	Structure ANN	$R^2 (\%)$	Erreur maximale durant le test
Cas 1: $\sigma_d (x_d, y_d, t_d)$	27	3-7-5-1	99.6	0.0895
Cas 2: $\sigma_d (x_d, y_d, t_d)$	27	3-7-5-1	99.4	0.0741
Cas 3: $\sigma_d (x_d, z_d, t_d)$	27	1-7-5-1	99.6	0.0050
Cas 4: $\sigma_d (x_d, z_d, t_d)$	27	1-7-5-1	97.8	0.0095

Tableau III.5: Architecture des modèles réseau ANN pour la représentation de la charge critique de flambage dans le cas d'un défaut de type dépression carrée localisée sur un segment ou un raidisseur du panneau raidi

En rajoutant un ensemble de 9 simulations par cas de défaut obtenu, ce qui se fait en retenant pour chaque facteur deux niveaux intermédiaires dans les domaines des paramètres définis par les tableaux III.2 et III.3, il est possible de construire des modèles neuronaux qui décrivent la réponse. Le tableau III.5 donne les architectures optimales identifiées pour ces modèles.

Le modèle de type réseau ANN a été créé en utilisant la fonction *newcf* de Matlab. La tâche principale était alors de réaliser la détermination du nombre des couches cachées et des neurones dans chaque couche. Plusieurs structures de réseaux de neurones admettant un nombre variable de neurones dans chaque couche ont été examinées. Les meilleurs résultats ont été obtenus avec la fonction d'activation *purelin* (linéaire) implantée au niveau de la première et quatrième couche et la fonction *tansig* (tangente hyperbolique) pour les deuxième et troisième couches et enfin *purelin* sur la dernière couche. Les options d'apprentissage choisies étaient *backprop* et *trainbfg*, la fonction d'apprentissage qui active la propagation rétrograde *back-propagation* a été choisie de même que l'option *msereg*.

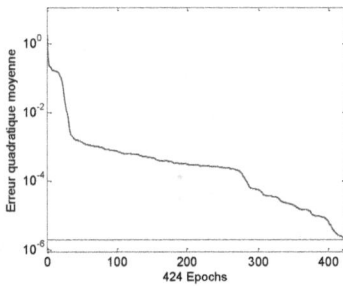

(Cas 1)

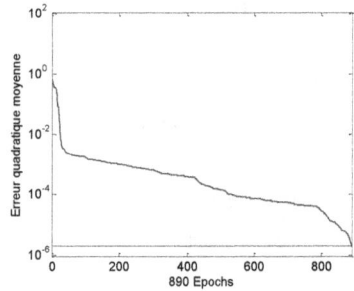

(Cas 2)

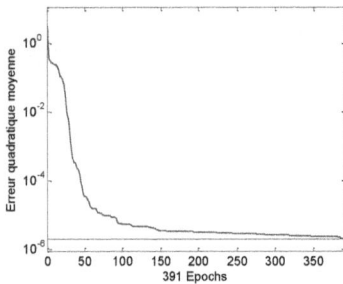

(Cas 3)

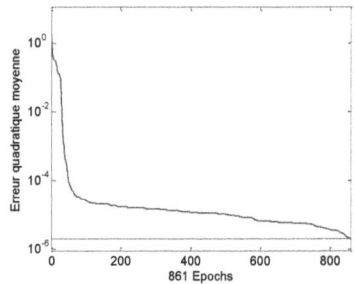

(Cas 4)

Figure III.11: Performance durant la phase d'apprentissage pour les différents cas de défauts de type dépression carrée placée sur le panneau raidi

Cas 1:

```
newcf([1/4.5 1; 427/1343 1; 30/90 1],[1 7 5 1],{'purelin'
'tansig' 'tansig' 'purelin'},'trainbfg','learngd','msereg')
```

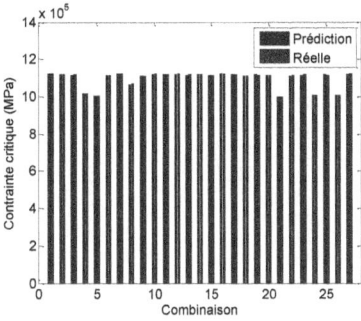

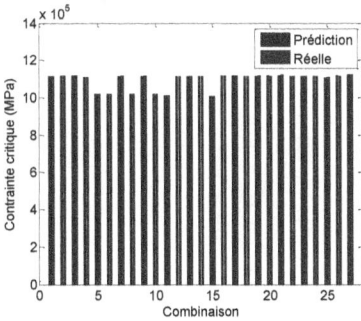

Cas 1: Phase d'apprentissage

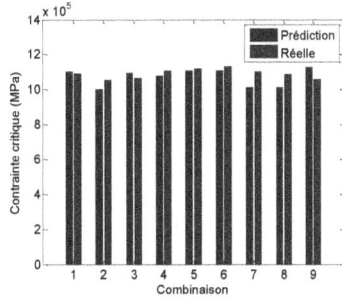

0.21%

Cas 1: Phase de test

8.95%

Figure III.12: Phase d'apprentissage et de test du modèle ANN dans le Cas 1

Cas 2:

```
newcf([1/4.5 1; 427/1343 1; 30/90 1],[1 7 5 1],{'purelin'
'tansig' 'tansig' 'purelin'},'trainbfg','learngd','msereg')
```

Cas 2: Phase d'apprentissage

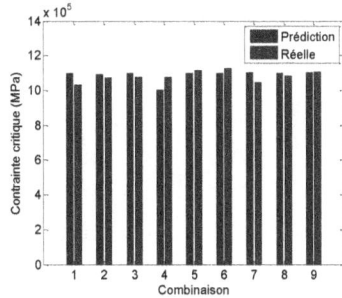

0.18%

Cas 2: Phase de test

7.41%

Figure III.13: Phase d'apprentissage et de test du modèle ANN dans le Cas 2

Cas 3:

```
newcf([1/5.5 1; 180/1540 1; 52.5/317.5 1],[1 7 5 1],{'purelin'
'tansig' 'tansig' 'purelin'},'trainbfg','learngd','msereg')
```

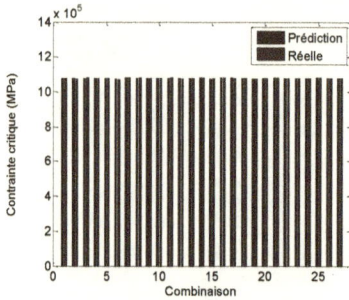

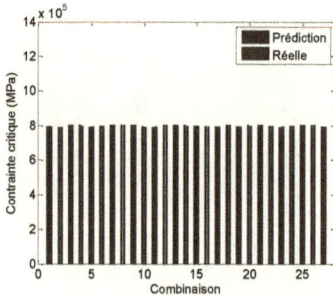

Cas 3: Phase d'apprentissage

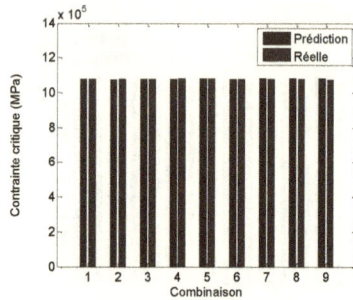

0.28%

Cas 3: Phase de test

0.5%

Figure III.14: Phase d'apprentissage et de test du modèle ANN dans le Cas 3

Cas 4:

```
newcf([1/5.5 1; 180/1540 1; 52.5/317.5 1],[1 7 5 1],{'purelin'
'tansig' 'tansig' 'purelin'},'trainbfg','learngd','msereg')
```

Cas 4: Phase d'apprentissage

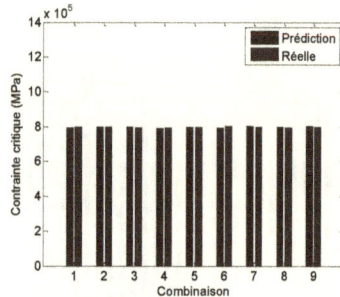

0.28%

Cas 4: Phase de test

0.95%

Figure III.15: Phase d'apprentissage et de test du modèle ANN dans le Cas 4

71

La figure III.11 montre le processus de convergence du modèle optimal en fonction des itérations pour les 4 structures optimales des modèles neuronaux calculés. La convergence a été atteinte pour un nombre d'époques ne dépassant pas 890.

Les structures indiquées dans la colonne 3 du tableau III.5 ont été déterminées de telle sorte que les erreurs de prédiction soient les plus petites possibles lors des tests de validité des modèles. Ce tableau présente également l'erreur absolue obtenue pour les échantillons des essais associés à chaque cas de défaut. Toutes les erreurs maximales n'ont pas dépassé 10%. Cette erreur ne dépasse pas 1% dans le cas où la dépression est placée sur la plaque de fond, qui correspond au cas le plus défavorable vis-à-vis du flambage.

Les figures III.12 à III.15 présentent une comparaison entre les prédictions et les résultats réels de simulation pour les quatre types de défauts, durant la phase d'apprentissage et de test du pouvoir prédictif du modèle ANN construit. Un nombre maximum de 2000 époques a été fixé pour la phase d'apprentissage. L'erreur d'apprentissage cible a été fixée à 2×10^{-6}.

Les structures indiquées dans le tableau III.5 sont optimales dans la mesure où l'erreur cible a été atteinte durant la phase d'apprentissage, simultanément avec l'erreur absolue minimale qui a été atteinte durant la phase de test du pouvoir prédictif du modèle. Lors de la détermination de l'architecture optimale, nous avons constaté, comme déjà signalé dans la section II.5 du chapitre 2, qu'un modèle neuronal est d'autant plus précis qu'il réussit à équilibrer ces deux types d'erreurs. Augmenter le nombre des neurones dans la première couche cachée diminue rapidement l'erreur d'apprentissage mais au détriment de l'erreur réalisée au cours du test de validité.

III.2.4 Panneau imparfait: analyse de l'influence des propriétés matérielles

Des calculs préliminaires de la contrainte de flambage ont révélé que l'effet des caractéristiques du matériau élastique linéaire E et ν peuvent être représentés par un facteur multiplicatif. Ce facteur est en fait le module élastique des contraintes planes. La variabilité de la charge critique de flambage est dominée à plus de 95% par la variabilité de ce module.

Considérons d'une part le panneau raidi parfait admettant la charge critique de flambage minimale, c'est-à-dire le panneau   défini par $a = b = 1800mm, t = 11mm, t_w = 9mm$ et $h_w = 90mm$, et d'autre part le panneau raidi ayant ces mêmes dimensions mais muni du défaut de type dépression carrée la plus défavorable, c'est-à-dire pour lequel le défaut est placé sur le segment central avec les caractéristiques: $t_d = 1mm, x_d = 860mm$ et $y_d = 180mm$.

La figure III.16 montre que la charge critique de flambage augmente proportionnellement au module élastique des contraintes planes, et ce pour les deux configurations des panneaux raidis imparfait et parfait. La corrélation entre la contrainte de flambage et le module d'élasticité en contrainte planes est supérieure dans les deux cas à 95%.

Ainsi, lorsque le système est supposé homogène, l'effet des propriétés matérielles peut être pris en compte séparément dans l'analyse de la sensibilité aux variations du module d'Young et du coefficient de Poissons par l'intermédiaire du module $E/(1-\nu^2)$.

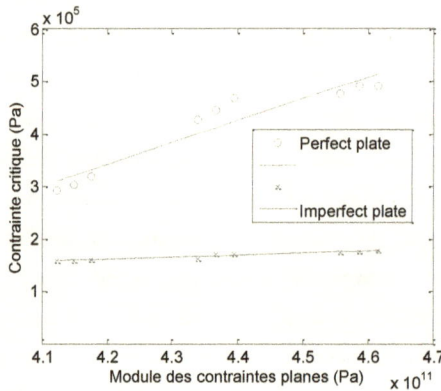

Figure III.16: Effet de la variation du module d'Young et du coefficient de Poisson sur la contrainte de flambage; panneau raidi parfait et panneau raidi imparfait muni de la dépression la plus défavorable

Cependant d'un point de vue physique, cette hypothèse supposant que les propriétés des matériaux sont homogènes n'est qu'une simplification de la réalité. Pour intégrer l'effet complet de ces propriétés, il faudra inclure les hétérogénéités des matériaux liées résultant de l'opération de soudage. Le soudage introduit un défaut réparti et une réduction de la rigidité dans la zone affectée thermiquement HAZ [Paul 2013].

III.2.5 Panneau imparfait; analyse de l'effet des défauts de soudage

La technique utilisée pour le montage du panneau raidi peut entrainer l'apparition de défauts qui affectent la géométrie initiale du panneau en induisant l'hétérogénéité des propriétés matérielles. Dans le cas du soudage par friction, procédé très utilisé en avionique, on a observé que la présence d'une soudure peut faire réduire la résistance de flambage de 10%. Ceci est dû principalement à la diminution de la résistance du matériau dans la zone de soudage, qui est une conséquence des dégradations d'origine thermique qui affectent le matériau et des contraintes résiduelles qui se développent dans cette zone. Le soudage crée aussi des imperfections géométriques réparties.

Il est tout à fait possible de rendre compte de tous ces effets qui sont associés au soudage dans le cadre de la résolution par la méthode des éléments finis du problème telle qu'elle peut être réalisée à l'aide du logiciel *Abaqus*.

Pour traduire l'effet du soudage, le comportement élastoplastique du matériau doit être pris en compte. L'élément de coque S4R du logiciel des éléments finis *Abaqus* permet de modéliser ce type de nonlinéarités matérielles. Une description détaillée concernant l'utilisation de cet élément pour résoudre numériquement par éléments finis le problème de flambage d'un panneau raidi est donnée dans [Paul 2013].

Dans la modélisation du problème considérée dans la présente étude, nous distinguons entre la zone affectée thermiquement HAZ qui correspond en général à la bande centrale d'un segment et le matériau vierge resté intact après la réalisation de l'opération de soudage.

Les comportements des matériaux dans les parties intacts et dans la HAZ seront supposées élastiques linéaires homogènes et isotropes [Sado 2011]. En plus des notations utilisées pour le module d'Young et le coefficient de Poisson E et ν, nous introduisons les notations E_H et ν_H pour designer le module d'Young et le coefficient de Poisson dans la zone HAZ.

Les propriétés des matériaux pour la zone HAZ sont choisies telles que E_H / E appartienne à l'intervalle $[0.7, 0.9]$, tandis que le coefficient de Poisson est ν_H / ν est choisi dans l'intervalle $[0.9, 1.1]$. La largeur de la zone HAZ désignée par w_H est un autre paramètre du problème.

Les contraintes résiduelles qui apparaissent après exécution du soudage induisent des distorsions géométriques qui admettent les caractéristiques principales suivantes: courbure dans la direction transversale à la ligne de soudure, courbure longitudinale parallèle à la ligne de soudure, et rotation autour de la ligne de soudure. La forme ultime de ce défaut géométrique et l'ampleur des distordions de soudage dépendent des paramètres d'exécution du soudage, des matériaux utilisés, de la conception géométrique du panneau en cours d'assemblage, et des éventuelles restrictions de déplacement appliquées pendant le soudage.

La mesure des distorsions réelles sur des échantillons représentatifs du panneau raidi assemblé est nécessaire pour identifier l'imperfection géométrique initiale. Ces données peuvent ensuite être utilisées dans l'analyse par éléments finis afin d'évaluer l'effet de ces distorsions sur la résistance au flambage.

La mesure des déformations initiales dans des panneaux raidis a permis de dresser leurs profils types [Lill 2013]. La forme de l'imperfection géométrique initiale peut être approximée par une parabole centrée sur la ligne de soudure et présentant une amplitude maximale w_0 se produisant au milieu du segment, figure III.17.

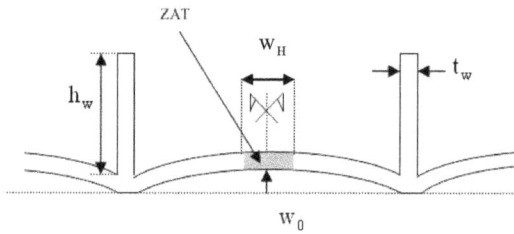

Figure III.17: Déformation initiale dans la direction transversale du panneau soudé

Le paramètre w_0 est utilisé pour décrire ce type de défaut se développant dans le sens transversal à la ligne de soudure. Les choses sont différentes suivant la direction longitudinale car les profils de distorsion mesurés sur les échantillons testés sont très variables.

Dans la suite le défaut de distorsion est supposé ayant la forme d'un arc de cercle d'amplitude w_0, ce qui constitue une bonne approximation de l'arc parabolique. Cependant aucune distorsion longitudinale n'est prise en compte.

Le tableau III.6 donne les niveaux des facteurs qui décrivent les imperfections géométriques est matérielles dues au soudage qui sont considérés dans la suite.

Niveau du paramètre	w_0 (mm)	w_H (mm)	E_H (GPa)	v_H
Bas	2	50	145.95	0.27
Moyen	4	75	166.8	0.30
Haut	6	100	187.6	0.33

Tableau III.6: Niveaux des facteurs décrivant les imperfections matérielles et géométriques produites par le soudage

Un plan d'expérience numérique comprenant 81 combinaisons est construit afin de traduire la variabilité de la charge critique en fonction des facteurs qui représentent l'effet du soudage. La configuration moyenne du panneau parfait est retenue dans cette analyse de même que les valeurs moyenne du module d'Young E et du coefficient de Poisson ν. Ceci correspond aux valeurs suivantes des paramètres: $a = b = 1800mm$, $t = 11mm$, $t_w = 9mm$, $h_w = 90mm$, $E = 2.085 \times 10^{11} Pa$ et $\nu = 0.3$.

Afin de développer un modèle neuronal, un ensemble de 16 autres combinaisons sont considérées pour alimenter la phase de test. Elles correspondent aux valeurs des paramètres au 1/4 et au 3/4 des intervalles associés aux quatre facteurs.

La figure III.18 donne l'ensemble des résultats obtenus. Le numéro est relatif à la combinaison considérée qui est construite de sorte que le niveau d'une colonne varie moins que celui de la colonne se trouvant à sa droite.

La figure III.18 montre que la combinaison la plus défavorable correspond au numéro d'ordre 74 et aux paramètres suivants: $w_0 = 6mm$, $w_H = 100mm$, $E_H = 145.95GPa$ et $\nu_H = 0.3$. La contrainte vaut dans ce cas $\sigma_{H,min} = 0.21863MPa$. En comparant cette dernière valeur avec la contrainte critique de flambage du panneau parfait dont la valeur est $\sigma_{p,min} = 1.4117\,MPa$, nous pouvons constater que le défaut de soudage réduit considérablement la résistance au flambage. Une réduction de 84.5% est obtenue.

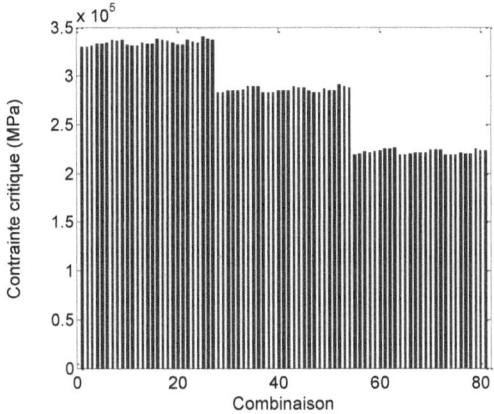

Figure III.18: Résultats de l'étude paramétrique en fonction de la combinaison considérée du défaut de soudage

76

L'analyse de variance a été effectuée sur les résultats des simulations effectuées. La figure III.19 montre l'influence des quatre facteurs considérés. C'est l'amplitude de l'imperfection géométrique initiale qui influence largement la charge critique de flambage. Le poids de ce facteur représente 99.6%. Il est suivi par le module d'Young de la zone HAZ qui représente 0.24%. Tous les autres facteurs y compris l'erreur du modèle quadratique ne représentent que 0.13%.

On peut donc conclure qu'un modèle de type surface de réponse polynomiale quadratique suffit pour représenter la variabilité de la contrainte critique de flambage telle qu'elle est affectée par les facteurs qui décrivent les défauts de soudage. Le calcul du coefficient de détermination pour une régression polynomiale quadratique donne dans un excellent résultat avec $R^2 = 99.92\%$.

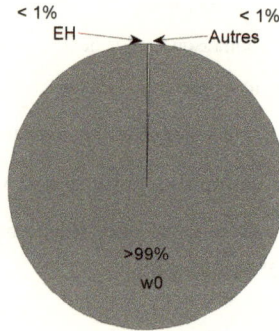

Figure III.19: Influence des facteurs du défaut de soudage sur la variabilité de la charge critique de flambage

En rendant adimensionnels les facteur en posant: $\overline{w}_0 = w_0(mm)/6$; $\overline{w}_H = w_H(mm)/100$, $\overline{E}_H = E_H(GPa)/187.6$ et $\overline{v}_H = v_H/0.33$, de sorte que tous les facteurs appartiennent à l'intervalle $[0,1]$, la surface de réponse qui donne la contrainte critique de flambage sous forme adimensionnelle est:

$$\overline{\sigma}_H = 1.15515 - 0.21695\overline{w}_0 + 0.08157\overline{w}_H - 0.11225\overline{E}_H - 0.2119\,\overline{v}_H - 0.032639\overline{w}_0\overline{w}_H$$
$$-0.022065\overline{w}_0\overline{E}_H + 0.038535\overline{w}_0\overline{v}_H - 6.7643\times10^{-4}\overline{w}_H\overline{E}_H - 0.10977\overline{w}_H\overline{v}_H - 0.083319\overline{E}_H\overline{v}_H \qquad (III.2)$$
$$-0.20088\overline{w}_0^2 + 0.02767\overline{w}_H^2 + 0.15499\overline{E}_H^2 + 0.18548\,\overline{v}_H^2$$

77

La contrainte critique réelle exprimée en *MPa* se calcule alors par: $\sigma_H = 0.34177\bar{\sigma}_H$.

Niveau du paramètre	w_0 (*mm*)	w_H (*mm*)	E_H (*GPa*)	v_H
1	3	62.5	156.375	0.285
2	5	87.5	177.2	0.315

Tableau III.7: Niveaux des facteurs décrivant les imperfections matérielles et géométriques produites par le soudage pour le test de prédiction du modèle

Afin de tester le pouvoir prédictif du modèle défini par l'équation (III.2), nous avons considéré 16 autres combinaisons en construisant un plan d'expérience en factoriel complet l'aide du tableau III.7 contenant deux niveaux intermédiaires.

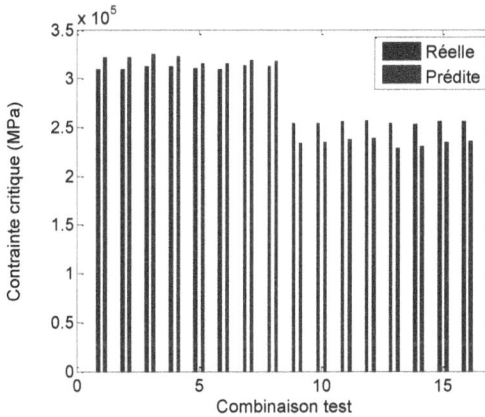

Figure III.20: Résultats de l'étude paramétrique en fonction de la combinaison considérée du test de prédiction

Les résultats des 16 combinaisons de test sont représentés sur la figure III.20. L'erreur relative maximale de prédiction est de 7.3%.

En considérant que cette erreur est relativement importante, nous avons essayer de la réduire en développant un modèle neuronal et en faisant varier son architecture. Cependant, l'erreur de prédiction maximale obtenue n'a jamais descendu au dessous de 8%. Nous retenons donc pour cette raison le modèle de type surface de réponse défini par l'équation (III.2) pour représenter la variabilité de la contrainte critique de flambage due au soudage.

78

III.3 Analyse fiabiliste de l'état limite de flambage en l'absence des défauts de soudage

III.3.1 Approximation de l'état limite de flambage

La section II.5 du chapitre 2 nous a permis de voir comment établir des modèles de représentation de type réseau ANN afin de décrire l'influence des paramètres d'entrée sur la charge critique de flambage. Nous prenons en considération dans la suite les dimensions géométriques de la plaque, les caractéristiques d'un défaut localisé et la variabilité due aux propriétés matérielles.

Dans la présente étude, la fonction de performance dite aussi fonction d'état limite d'un panneau raidi exprime le risque de flambage lorsque le panneau est soumis à une compression axiale uniforme. Elle s'écrit sous la forme générale suivante

$$g(X) = \sigma_{cr} - \sigma_{P_x} \tag{III.3}$$

où σ_{cr} est la contrainte critique de flambage et σ_{P_x} la contrainte de compression axiale uniforme appliquée.

Selon que la dépression est située sur un segment de la plaque de fond ou bien sur l'âme d'un raidisseur, la contrainte critique de flambage σ_{cr} peut être exprimée en fonction des propriétés géométriques et matérielles ainsi que des caractéristiques du défaut sous la forme générale suivante

$$\sigma_{cr} = \sigma_{cr}(E, v, a, b, c, t, t_w, h_w, x_d, z_d, t_d, \ell) \tag{III.4}$$

ou bien

$$\sigma_{cr} = \sigma_{cr}(E, v, a, b, c, t, t_w, h_w, x_d, y_d, t_d, \ell) \tag{III.5}$$

Elle dépend donc de 12 paramètres. La construction d'un modèle neuronale unique avec ces 12 paramètres nécessite un ensemble de combinaisons comprenant 531441 cas pour l'apprentissage et 4096 pour effectuer le test de prédiction. Cette tâche ne peut être conduite automatiquement dans l'état actuel des choses car la détermination de la charge critique nécessite l'intervention de l'utilisateur pour analyser les résultats de calcul produits par le logiciel *Abaqus*. Un pilotage de ce logiciel par la programmation Python pourrait servir à réaliser ces simulations, mais la durée de calcul risque d'être grande.

Il était alors nécessaire d'envisager une démarche alternative pour estimer l'état limite de flambage sous forme explicite afin de pouvoir conduire l'analyse fiabiliste par tirages Monte Carlo. Cette démarche s'appuie sur les simplifications qui sont détaillées dans la suite.

- Le fait d'imposer au rapport d'aspect a/b de prendre ses valeurs dans l'ensemble $\{1,2,3\}$ entraine que les paramètres a et b ne sont pas indépendants, ce qui permet d'attribuer la variabilité qui résulte de ces deux paramètres essentiellement au paramètre b.

- En fixant le nombre des raidisseurs à 3, les paramètres géométriques b et c sont reliés par la relation $b=5c$, ils sont donc dépendants et seul l'effet de la variable b est à prendre en considération.

- Enfin la longueur de la dépression ℓ est considéré comme étant une grandeur déterministe et fixée à sa valeur maximale la plus défavorable $\ell=30mm$ afin d'obtenir la plus grande réduction de la charge critique. Ceci représente un choix qui s'appuie sur le fait que les valeurs du paramètre ℓ qui dépassent ce maximum ne sont pas pratiques car la structure sera classée comme non-exploitable et l'analyse fiabiliste perd alors de son intérêt. Les valeurs qui sont inférieures à cette limite vont modifier significativement charge critique de flambage, mais l'effet maximum sera associé à la plus grande valeur de ℓ retenue dans cette analyse.

Compte tenu de la discussion ci-dessus, il est possible de retirer toutes les variables passives pour obtenir l'ensemble des variables actives jugées affectant de manière effective la résistance au flambage. Il s'agit bien sûr d'une analyse fiabiliste partielle et non pas totale, mais qui permet de rendre compte raisonnablement du risque le plus défavorable pour le panneau raidi.

Tenant compte par ailleurs de la discussion faite dans la section III.2.4 de ce chapitre 2, qui permet de considérer de manière multiplicative la variabilité due aux paramètres E et ν, la contrainte de flambage la plus défavorable qui est associée aux équations générales (III.4) et (III.5) se simplifie dans le cadre d'une approche par blocs parallèle sous la forme suivante

$$\sigma_{cr} = \sigma_m\left(E,\nu\right) \cap \sigma'_{cr}\left(b,t,t_w,h_w,x_d,z_d,t_d\right) \qquad (\text{III.6})$$

ou bien

$$\sigma_{cr} = \sigma_m\left(E,\nu\right) \cap \sigma'_{cr}\left(b,t,t_w,h_w,x_d,y_d,t_d\right) \qquad (\text{III.7})$$

Dans les équations (III.6) et (III.7), les paramètres géométriques b, t, t_w et h_w décrivent la géométrie d'un panneau raidi parfait et leur influence peut être supposée comme étant découplée de celle associée aux caractéristiques du défaut x_d ou y_d et t_d. La configuration du panneau raidi parfait est supposée de la sorte comme étant perturbée indépendamment de l'imperfection géométrique localisée.

Pour rendre compte de l'effet de l'imperfection géométrique initiale sur le panneau raidi imparfait, nous supposons que le système peut être schématisé d'un point de vue fiabiliste comme étant un ensemble de blocs en parallèle. Cette configuration produit la charge critique de flambage la plus défavorable que nous pouvons représenter sous la forme symbolique suivante

$$\sigma_{cr} = \sigma_m(E, \nu) \cap \sigma_p(b, t, t_w, h_w) \cap \sigma_d(x_d, z_d, t_d) \tag{III.8}$$

ou bien

$$\sigma_{cr} = \sigma_m(E, \nu) \cap \sigma_p(b, t, t_w, h_w) \cap \sigma_d(x_d, y_d, t_d) \tag{III.9}$$

où σ_p est la contribution de la contrainte critique de flambage idéalisée telle qu'elle est évaluée à partir d'un modèle de panneau parfait, σ_d la contribution de la contrainte critique de flambage associée à la dépression carrée localisée et σ_m la part des propriétés élastiques du matériau du panneau sur la variabilité de la résistance au flambage.

Les équations (III.7) et (III.8) montrent que l'état limite de flambage d'un panneau sous imperfection géométrique initiale peut être décrit comme étant l'intersection de trois événements élémentaires strictement découplés. Le premier est lié aux propriétés matérielles, le deuxième traduit l'effet des paramètres géométriques du panneau parfait et le troisième correspond à la présence d'une dépression localisée.

Dans cette hypothèse de séparation, les différents effets qui régissent le problème de flambage d'un panneau imparfait contribuent de manière indépendante. L'intérêt est que nous avons un modèle prédictif commode à construire et permettant une évaluation explicite de l'état limite de flambage. Mis-à-part la première contribution σ_m qui peut être traduite sous forme analytique, les effets des deux autres contributions σ_p et σ_d peuvent être décrits par les modèles neuronaux discutés dans la section II.5 du chapitre 2.

III.3.2 Evaluation de la probabilité de défaillance du panneau raidi imparfait

En utilisant les équations (III.3), (III.8) et (III.9) et la propriété de proportionnalité de σ_p et σ_d avec le module d'élasticité en contraintes planes $E/(1-v^2)$, l'approximation de l'état limite de résistance au flambage est considérée sous la forme explicite suivante

$$g\left(E,v,b,t,t_w,h_w,x_d,z_d,t_d\right)=\sigma_m\left(E,v\right)\hat{\sigma}_p\left(b,t,t_w,h_w\right)\hat{\sigma}_d\left(x_d,z_d,t_d\right)-\sigma_{P_x} \qquad (\text{III.10})$$

ou bien

$$g\left(E,v,b,t,t_w,h_w,x_d,y_d,t_d\right)=\sigma_m\left(E,v\right)\hat{\sigma}_p\left(b,t,t_w,h_w\right)\hat{\sigma}_d\left(x_d,y_d,t_d\right)-\sigma_{P_x} \qquad (\text{III.11})$$

où $\hat{\sigma}_p$ et $\hat{\sigma}_d$ sont obtenues à partir de σ_p et σ_d en divisant ces quantités par la valeur moyenne du module d'élasticité en contraintes planes $E/(1-v^2)$.

Variable aléatoire		Moyenne	Ecart-type	Fonction densité des probabilités
$E\ (Pa)$		208.5 GPa	6.8805 GPa	Normale
v		0.3	0.01	Normale
$b\ (m)$		1.8	0.36	Lognormale
$t\ (m)$		0.011	0.0011	Lognormale
$t_w\ (m)$		0.009	0.0009	Lognormale
$h_w\ (m)$		0.9	0.09	Lognormale
$t_d\ (m)$		0.001	0.0001	Lognormale
x_d	Raidisseur latéral	0.001	0.0001	Normale
	Raidisseur central	0.885	0.0885	Normale
	Segment latéral	0.885	0.0885	Normale
	Segment central	0.86	0.086	Normale
y_d	Raidisseur latéral	0.86	0.086	Normale
	Raidisseur central	0.06	0.006	Normale
z_d	Segment latéral	0.06	0.006	Normale
	Segment central	0.3175	0.03175	Normale

Tableau III.8: Caractéristiques des variables aléatoires à l'entrée du système

Les contraintes $\hat{\sigma}_p$ et $\hat{\sigma}_d$ sont obtenues sous forme d'un modèle neuronale conformément à la section II.5 du chapitre 2. Pour évaluer la fonction de performance g dans les équations (III.10) et (III.11), il suffit de définir les 9 paramètres comme étant des variables aléatoires. En général, les distributions de probabilités retenues sont de type loi normale ou lognormale.

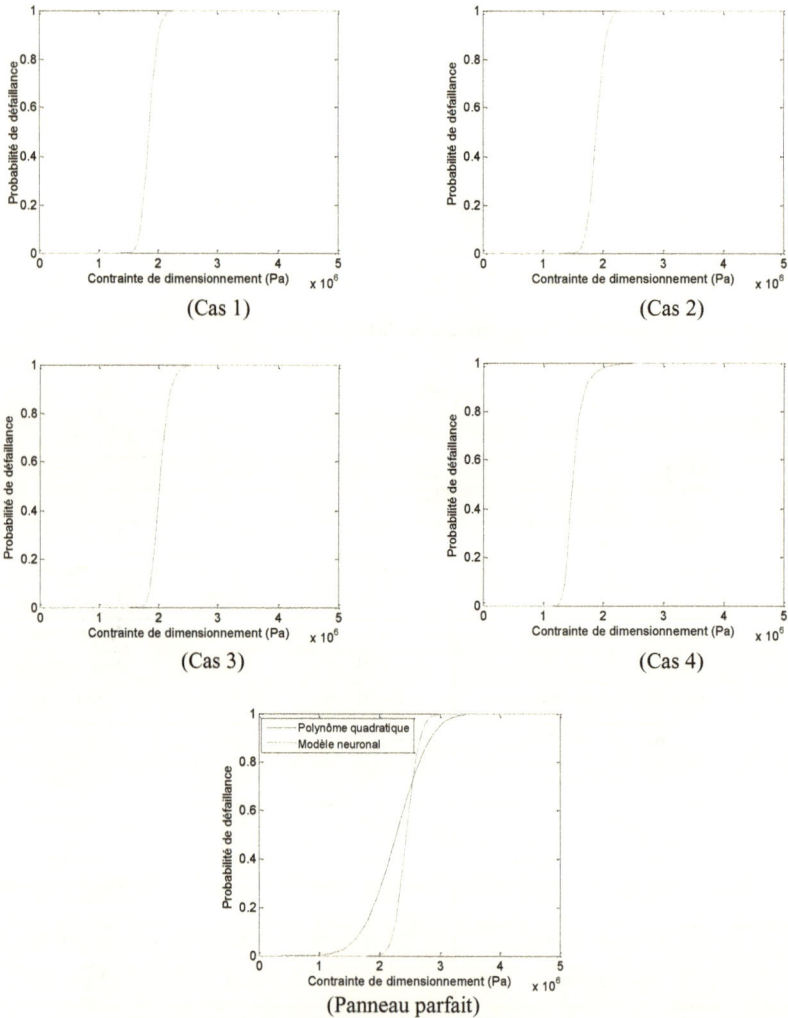

(Cas 1)

(Cas 2)

(Cas 3)

(Cas 4)

(Panneau parfait)

Figure III.21: Probabilité de défaillance en fonction de la contrainte de dimensionnement choisie pour les quatre cas de défaut et pour le panneau parfait

Le tableau III.8 présente les caractéristiques des densités de probabilités des paramètres en entrée des modèles fiabilistes définis par les équations (III.10) et (III.11). Pour une contrainte de compression uniforme appliquée sur le bord du panneau et de valeur déterministe σ_{P_x}, l'analyse fiabiliste permet de calculer la probabilité de défaillance en fonction des caractéristiques des variables aléatoires du tableau III.6. Celle-ci donne la probabilité d'observer l'état limite de flambage sous l'action de la charge σ_{P_x}.

En fixant la taille de l'échantillon de tirage de la population Monte Carlo à 5×10^4, la figure III.21 donne la probabilité de défaillance pour les quatre configurations de défaut ainsi que pour le panneau parfait en fonction de la charge de compression uniforme appliquée. Le choix de la taille de la population a été déterminé par la condition de convergence en probabilités.

En comparant les figures III.21(a) à III.21(d) avec la figure III.21(e), nous pouvons conclure que l'imperfection géométrie initiale provoque une réduction drastique de la charge critique de flambage. La charge critique de flambage correspondant à une probabilité de défaillance fixée à $P_f = 2 \times 10^{-5}$ ne vaut plus que $\sigma_{cr,\dim} = 0.765\ MPa$ dans le cas le plus grave, cas associé à la dépression placée sur le segment central du panneau raidi, alors que dans le cas d'un panneau raidi parfait cette limite est $\sigma_{p,\dim} = 1.366\ MPa$ avec la même fiabilité.

La variabilité des caractéristiques matérielles et géométriques et la présence des défauts localisés limitent le rendement des panneaux raidis. La charge critique de flambage est toujours inférieure à la valeur nominale qui ne considère pas cette variabilité. Il convient donc pour la bonne conception des panneaux raidis de déterminer le plus exactement les distributions statiques de tous les paramètres de base en entrée du système. Dans la présente analyse, les moyennes et les écarts types des paramètres de même que les fonctions densités de probabilités n'ont pas été identifiés à partir de données expérimentales. Ceci devrait cependant être fait dans la pratique pour bien coller au problème réel.

Les résultats de l'analyse fiabiliste pourraient varier si l'on avait tenu compte des défauts dus aux soudures pratiquées pour assembler le panneau. Nous proposons de faire cette quantification dans la section III.4 de ce chapitre.

III.4. Analyse fiabiliste de l'état limite de flambage en présence des défauts de soudage

Dans le cas où la dépression est située sur le segment central de la plaque de fond, on considère dans la suite la variabilité de l'état limite de flambage due au soudage. Il y a donc quatre sources de variabilité qui comprennent les trois sources présentes dans la formule (III.10) vue précédemment, auxquelles se rajoute ici la contribution des défauts de soudage.

Nous pouvons supposer là aussi que la contribution du soudage est complètement indépendante des autres contributions pour pouvoir générer le modèle explicite permettant de prédire la contrainte critique de flambage sous la forme d'un modèle blocs en parallèle. La contrainte critique de flambage est l'intersection de 4 évènements conformément à l'équation suivante

$$\sigma_{cr} = \sigma_m(E,\nu) \cap \hat{\sigma}_p(b,t,t_w,h_w) \cap \hat{\sigma}_d\left(x_d,z_d,t_d\right) \cap \hat{\sigma}_H(w_0,w_H,E_H,\nu_H) \qquad (III.12)$$

où $\hat{\sigma}_H$ désigne la partie de la variabilité associée aux effets HAZ telle que celle-ci a été évaluée par la surface de réponse définie par l'équation (III.2).

On en déduit l'expression de l'état limite de flambage sous la forme suivante

$$g\left(E,\nu,b,t,t_w,h_w,x_d,z_d,t_d,w_0,w_H,E_H,\nu_H\right) = \sigma_{cr} - \sigma_{P_x} \qquad (III.13)$$

L'équation (III.13) permet d'effectuer des prédictions concernant l'état limite de flambage. Il est possible alors de faire des tirages aléatoires et de former ainsi une statistique qui permettra de donner la probabilité de défaillance associée à une contrainte de dimensionnement σ_{P_x} donnée.

Les variables aléatoires associées aux 13 paramètres actifs du modèle fiabiliste sont supposées réparties selon les fonctions densités de probabilités suivantes : loi normale pour les paramètres relatifs aux propriétés matérielles E,ν,E_H,ν_H et loi lognormale pour les autres paramètres qui représentent les dimensions géométriques $b,t,t_w,h_w,x_d,z_d,t_d,w_0,w_H$.

Les valeurs moyennes des paramètres ont été fixées comme suit: $E^* = 208.5 GPa$, $\nu^* = 0.3$, $b^* = 1.8m$, $t^* = 0.011m$, $t_w^* = 0.009m$, $h_w^* = 0.09m$, $x_d^* = 0.86m$, $z_d^* = 0.3175$, $t_d^* = 0.001m$, $E_H^* = 145.95 GPa$, $\nu_H^* = 0.3$, $w_H^* = 0.1m$ et $w_0^* = 0.006m$. Les écarts-types des paramètres géométriques et des matériaux ont été fixés à 2% tandis que ceux associés aux imperfections de soudage HAZ ont été fixés à 10%.

La figure III.23 donne la probabilité de défaillance en fonction de la contrainte de dimensionnement. La population utilisée consiste en 5×10^4 échantillons.

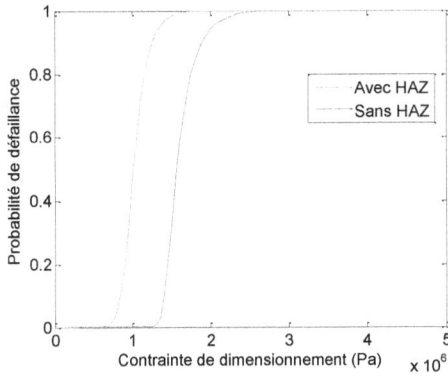

Figure III.23: Probabilité de défaillance en fonction de la contrainte de dimensionnement

La figure III.23 montre l'effet considérable dû aux défauts de soudage. Ceux-ci doivent être considérés convenablement afin de satisfaire les exigences de fiabilité lors de la conception d'un système de type panneau raidi.

III.5 Conclusion

L'analyse de l'effet des défauts sur la charge critique de flambage des panneaux raidis a été effectuée dans ce chapitre. Deux types de défauts ont été considérés. Il y a premièrement les imperfections géométriques dues à un défaut localisé ayant la forme d'une dépression carrée qui indente la structure sur une profondeur uniforme, sur un segment de la plaque de fond ou bien sur un raidisseur. Deuxièmement, il y a les défauts résultant de l'opération de soudage et qui consistent en la réduction de la rigidité au niveau de la zone affectée thermiquement HAZ et l'apparition de distorsions qui résultent des contraintes résiduelles.

Nous avons caractérisé dans un premier temps l'effet sur la charge critique de flambage induit par la variabilité de la configuration géométrique d'un panneau raidi parfait. Cette étape a servi à déterminer la configuration du panneau raidi la plus défavorable vis-à-vis du flambage en termes du rapport d'aspect du panneau, du rapport d'épaisseur et de la hauteur des raidisseurs. Avec la configuration géométrique précédente pour laquelle la contrainte critique de flambage est minimale, nous avons analysé les effets suivants :

- effet de l'emplacement et de la profondeur de la dépression localisée;
- effet de la variation des propriétés matérielles;

86

- effet des défauts de soudage.

Les imperfections géométriques localisées ont été reconnus capables de provoquer une chute drastique de la résistance au flambage avec la plus forte baisse qui atteint 64% de la valeur de la résistance dans le cas d'un panneau raidi parfait. C'est la dépression placée sur un segment central de la plaque de fond qui a produit le cas le plus pénalisant de ce type de défaut pour la configuration géométrique du panneau considéré.

Nous avons ensuite procédé à l'analyse fiabiliste afin de déterminer la variabilité de la charge critique de flambage. Le but est de caractériser les incertitudes qui entachent cette charge en fonction des incertitudes présentes dans les variables de base. Pour pouvoir faire cette analyse nous avons eu recours à chaque fois que s'était nécessaire à la modélisation par réseau de neurones. En effet, les nonlinéarités qui se manifestent au niveau de la charge critique de flambage ne peuvent pas toujours être décrites par une surface de réponse polynomiale. Avec les modèles ANN, la représentation explicite du système devient possible et nous pouvons alors lancer des simulations Monte Carlo sur un échantillon représentatif. Cette statistique permet de déterminer la fiabilité ou ce qui revient au même la probabilité de défaillance.

Le modèle ANN est basé sur des simulations effectuées grâce à la méthode des éléments finis. Nous avons utilisé pour cela le logiciel *Abaqus*.

Le nombre important des variables de base ne permet pas d'envisager la construction d'un modèle neuronal global. Pour contourner cette difficulté nous avons opté pour un modèle approximatif qui considère l'évènement de flambage comme étant décrit par quatre évènements élémentaires séparés et indépendants. Le modèle prend alors la forme de blocs en parallèles qui voient les densités de probabilité intervenir de manière multiplicative.

Cette approximation nous a permis d'analyser la fiabilité et de monter que l'effet combiné d'un défaut localisé et d'un défaut de type soudage produit une chute considérable de la charge critique.

La méthodologie proposée peut être utilisée pour effectuer des études plus approfondies, et en particulier en améliorant la description des couplages entre les différentes sources de variabilité qui affectent l'état limite de flambage. Seule la conception de la table d'expérience qui permet de générer le modèle neuronal devra être adaptée à cet effet.

L'analyse de flambage effectuée dans ce chapitre est de nature purement statique. Dans la pratique l'aspect dynamique d'un chargement peut apparaître en entraînant une réduction non négligeable de la résistance au flambage. Nous proposons de faire cette étude relative à un chargement dynamique dans le chapitre suivant.

Chapitre IV

Flambage dynamique des panneaux raidis

Dans le chapitre 3 nous avons considéré l'état limite de flambage ayant lieu sous un chargement statique. Aucun effet dynamique n'a été pris en compte. La compression axiale uniforme était appliquée de manière quasi-statique et aucune accélération significative ne se développe dans la structure.

Or dans la pratique, le panneau raidi peut être le siège d'excitation dynamique même accidentelle. La conception des panneaux raidis doit tenir compte de tous les évènements possibles et en particulier celui associé à un chargement transitoire à même de provoquer des effets dynamiques.

L'analyse du flambage dynamique des structures n'a pas reçu le même intérêt que dans le cas statique. Les premiers problèmes traités dans ce domaine ont malencontreusement montré que la charge critique dynamique était en général supérieure à la charge critique statique.

Un autre problème de taille liée au flambage dynamique est l'ambigüité concernant le choix d'un critère de flambage. Plusieurs critères existent même si le critère de Budiansky et Roth soit le plus compréhensible et aussi le plus utilisé dans ce contexte.

Dans ce chapitre, le flambage dynamique d'un panneau raidi ayant une configuration géométrique semblable au panneau raidi analysé dans le chapitre III est considéré. Le panneau est supposé soumis à un chargement de compression axiale uniforme appliquée dans le plan de la plaque de fond dans le même sens que la direction longitudinale des raidisseurs.

Sans un niveau suffisant d'imperfection géométrique initiale, le flambage dynamique ne se manifeste pas de manière critique. Nous avons donc déterminé les conditions sur ces imperfections géométriques et sur les conditions aux limites appropriées pour que le flambage dynamique produit des charges critiques inférieures à celles que l'on obtient sous flambage statique. Ceci se produit par ailleurs seulement, pour une forme d'impulsion de chargement donnée, lorsque la durée de l'impulsion est dans un intervalle bien déterminé.

Nous allons donc étudier dans la suite l'effet de la forme de l'impulsion et de sa durée sur la charge critique de flambage. Nous effectuons l'étude, en présence des défauts induits par le soudage et qui correspondent à une réduction du module de rigidité accompagnée d'une imperfection géométrique initiale de type répartie.

IV.1 Critère de flambage dynamique

Plusieurs critères de flambage dynamique ont été définis dans la littérature. Le plus utilisé est cependant le critère de Budiansky-Roth [Budi 1962]. Dans ce critère, il est supposé que l'instabilité se produit lorsque la variation du déplacement est brusque en fonction de l'amplitude de la charge appliquée. La charge critique de flambage déterminée par ce critère peut également s'interpréter comme la charge la plus petite pour laquelle «un grand changement brusque» se manifeste dans la réponse transitoire du système indiquant ainsi l'occurrence de l'instabilité dynamique par divergence. Ainsi, selon ce critère, la valeur critique de la charge dynamique correspondant à la perte de stabilité peut être déterminée par le tracé des courbes de réponses en déplacement ou raccourcissement du bord du panneau raidi lorsqu'elles sont paramétrées par l'amplitude du chargement impulsionnel.

Le critère de Budiansky et Roth contient une certaine subjectivité due au fait qu'il faut interpréter ce que l'on entend par grand changement dans la déformation sous un chargement qui varie peu.

Dans la suite, les conditions critiques pour le flambage dynamique sont estimées selon ce critère de Budiansky et Roth. Nous caractériserons l'état de flambage par la disparation des oscillations dans le raccourcissement axial du panneau raidi avec apparition d'une pente raide dans cette réponse en fonction du temps.

IV.2 Effet de la forme et de la durée de l'impulsion sur la charge critique de flambage dynamique des panneaux raidis

Dans cette section nous nous intéressons au flambage dynamique d'un panneau raidi sous compression axiale distribuée uniformément sur le bord chargé et dont le signal temporel admet la forme d'une impulsion de durée finie. L'analyse est faite par modélisation éléments finis et calcul dynamique nonlinéaire utilisant la procédure dynamique explicite décrite dans le chapitre 2. Les défauts de soudage considérés sont supposés induire une courbure initiale de la plaque de fond suivant le sens longitudinal de cette plaque. D'un autre côté, ils provoquent la dégradation des matériaux dans la zone affectée par la chaleur lors de l'opération de soudage.

IV.2.1 Géométrie du panneau raidi, description des imperfections et des conditions aux limites

L'identification des imperfections géométriques initiales qui apparaissent réellement dans un panneau raidi après assemblage par soudage est une opération délicate qui requiert des mesures sur un échantillon suffisamment représentatif de panneaux raidis. Les relevées des distorsions et les hétérogénéités matérielles peuvent ensuite être considérés dans une analyse de type éléments finis afin d'évaluer l'effet de ces imperfections sur la résistance au flambage. Faute de disposer de mesures expérimentales de caractérisation des défauts, nous pouvons estimer le défaut critique en prenant une forme modale déterminée préalablement par une analyse linéaire de type Euler sur le panneau raidi et lui affecter une amplitude raisonnable qui correspond à la distorsion maximale qui peut être observée sur la structure. Cependant cette démarche qui permet de rendre compte de manière convenable des imperfections géométriques dans le cadre d'un problème de flambage statique n'est pas bien adaptée au flambage dynamique. Ce dernier n'est pas en fait défavorable lorsqu'on injecte comme imperfection géométrique initiale un mode de flambage eulérien et lorsque les conditions aux limites sont quelconques. D'autres formes de distorsions s'avèrent plus défavorables et leur recherche peut s'avérer nécessaire.

Suite à plusieurs essais de modélisation d'imperfections géométriques initiales et de choix de conditions aux limites, les charges critiques de flambage dynamique ont été calculées. Ce qui nous a permis d'identifier un défaut plus critique que tous les autres et qui donne des charges de flambage dynamique plus défavorables dans certains cas que celles associées au flambage statique. Ce défaut correspond à une suite d'ondulations affectant le profil transversal de la plaque de fond et qui est composé d'arcs de cercles faciles à modéliser à travers l'interface CAO du logiciel *Abaqus*.

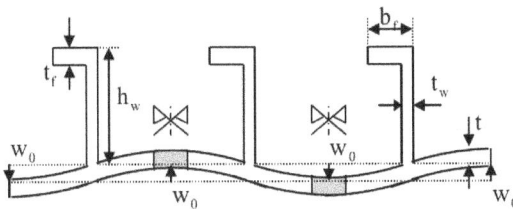

Figure IV.1: Coupe transversale du panneau raidi analysé en flambage dynamique; caractéristiques géométriques du panneau et profil de l'imperfection initiale

La figure VI.1 présente le profil de l'imperfection géométrique initiale. La figure VI.2 montre la configuration géométrique du panneau raidi et indique les zones HAZ considérées. Sur cette figure, les conditions aux limites les plus défavorables vis-à-vis du flambage dynamique ont été mentionnées.

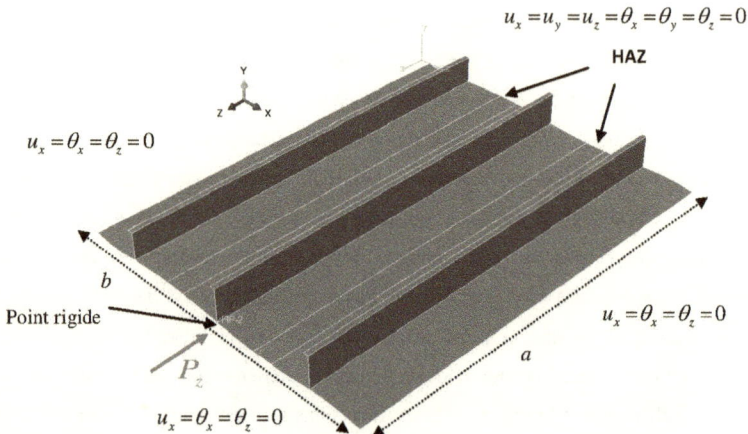

Figure IV.2: Configuration géométrique du panneau raidi et conditions aux limites considérées

En désignant par u une composante du vecteur déplacement relativement aux axes du repère indiqué sur la figure IV.2 et par θ une rotation autour de l'un de ces axes, les conditions aux limites considérées dans les simulations numériques sont les suivantes. Les bords latéraux sont tels que $u_x = \theta_x = \theta_z = 0$, ce qui représente un contact avec une paroi rigide ne se déplaçant pas suivant la direction latérale x. Le bord $z = b$ est supposé parfaitement encastré avec donc $u_x = u_y = u_z = \theta_x = \theta_y = \theta_z = 0$, tandis que sur le bord $z = 0$ où la compression uniforme P_z est appliquée nous supposons les conditions aux limites de contact avec une paroi rigide immobile suivant la direction x qui se traduisent par $u_x = \theta_x = \theta_z = 0$.

Les conditions aux limites considérées sont intermédiaires entre les deux cas limites: bords latéraux complètement fixés et bords entièrement libres. Ainsi, la charge de flambage statique associée à ces conditions aux limites est supérieure à celle des bords libres et inférieure à celle des bords fixes. Cependant cette instruction ne peut pas être extrapolée a priori pour le cas du flambage dynamique même en fixant la forme de l'impulsion et sa durée.

L'imperfection géométrique initiale résultant du processus de soudage, modélisée par la forme représentée sur la figure IV.1, est caractérisée par son amplitude w_0. Celle-ci est fixée à la valeur $w_0 = 6mm$ pour pouvoir observer un flambage dynamique intéressant. Si cette amplitude est trop petite $w_0 < 5mm$, le flambage dynamique perd son intérêt car il apparaitra mois défavorable que le flambage statique. Le flambage dynamique sera dans ce cas marginal car il se produira toujours avec des charges critiques qui sont plus élevés que la charge de flambage statique. Cette remarque est tout à fait générale dans le domaine du flambage dynamique qui n'est important qu'en présence des grandes imperfections géométriques initiales [Papa 1996] et [Kubi 2005].

IV.2.2 Propriétés des matériaux

Les propriétés des matériaux élastiques utilisés pour la modélisation du panneau raidi dans la zone intacte correspondent à l'aluminium pour lequel le module d'Young est $E = 64.5GPa$ et le coefficient de Poisson est $v = 0.3$. Le comportement plastique est supposé décrit par une loi bilinéaire d'écrouissage linéaire et isotrope et dont la limite d'élasticité est $\sigma_Y = 265\,MPa$. Le module plastique tangent est fixé à $E_p = 5.5GPa$. Dans la zone affectée par la chaleur de soudage HAZ, le module d'Young est $E_{ZAT} = 51.6\,GPa$ et le coefficient de Poisson est toujours $v_{HAZ} = 0.3$.

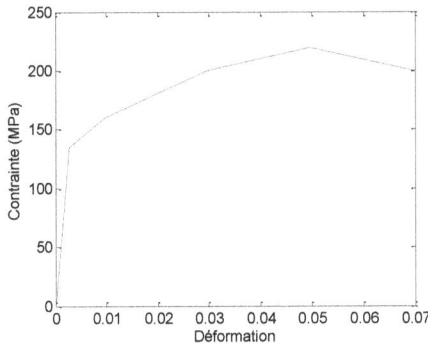

Figure IV.3: Courbe de traction simple du matériau dans la zone HAZ

92

La courbe de traction simple du matériau dans la zone HAZ est représentée sur la figure IV.3. La limite d'élasticité initiale est $\sigma_{Y,H} = 135\,MPa$, la contrainte ultime de résistance est $\sigma_{R,H} = 220\,MPa$. Pour les deux matériaux élastoplastiques qui constituent le panneau raidi: c'est-à-dire la zone intact et la zone HAZ, la densité du matériau est fixée à $\rho = 2700\,kg.m^{-3}$. Pour étudier la sensibilité du flambage dynamique aux propriétés matérielles, les deux comportements élastique et élastoplastique sont considérés. Le comportement élastique est récupéré à partir du comportement élastoplastique tout simplement en dissimulant la partie plastique et en gardant les autres constantes matérielles décrivant la partie élastique.

IV.2.3 Description du chargement dynamique

Le flambage dynamique dépend de la forme de l'impulsion et de sa durée. La durée du chargement dynamique la plus défavorable est du même ordre de grandeur que la période fondamentale de vibration la structure. Nous avons donc calculé les périodes propres de vibration du panneau raidi dont la configuration géométrique et les conditions aux limites sont précisées dans la figure IV.2 avec le comportement élastique décrit dans la section IV.1.2.

Les dimensions géométriques du panneau raidi sont les suivantes: largeur de la plaque de fond $a = 757.5\,mm$; longueur de la plaque de fond $b = 958\,mm$; épaisseur uniforme de la plaque de fond dans le matériau intact et dans la zone HAZ $t = 4.9\,mm$. Les raidisseurs choisis ici sont des bandes en forme de L d'épaisseur constante $t_w = 2.95\,mm$, de hauteur $h_w = 64\,mm$, d'épaisseur de bride $t_f = 4.3\,mm$ et de hauteur de bride $b_f = 12\,mm$, voir figure IV.1.

Un modèle éléments finis de la structure a été développé sous *Abaqus* en vue d'effectuer un calcul modal. La convergence de ce modèle a été obtenue pour un maillage uniforme composé de 2496 éléments coques SR4 et un nombre total de 14200 degrés de liberté libres.

La première fréquence des vibrations naturelles calculée est $f_1 = 104.44\,Hz$, alors que la deuxième est $f_2 = 284.81\,Hz$. La figure IV.4 montre le premier mode de vibrations propres de du panneau raidi. On peut voir que le premier mode est essentiellement un mode de flexion de la plaque de fond. La figure IV.5 montre le deuxième mode de vibrations propres du panneau raidi. Ce mode est essentiellement local avec un fort couplage entre les raidisseurs et le fond.

La première fréquence modale f_1 permet de définir le temps caractéristique $T_0 = 1/f_1$. Ce temps est utilisé pour fixer la durée de l'impulsion du chargement dynamique de compression axiale uniforme à appliquer sur le panneau raidi.

93

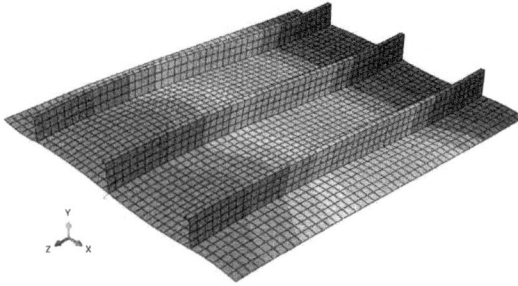

Figure IV.4: Premier mode naturel de vibration du panneau raidi; la fréquence fondamentale
est $f_1 = 104.44 Hz$

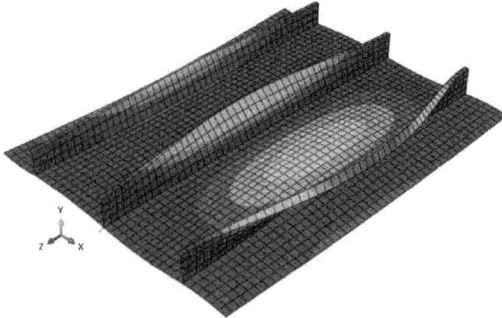

Figure IV.5: Deuxième mode naturel de vibrations du panneau raidi; la fréquence associée est
$f_2 = 284.81 Hz$

Afin d'analyser l'effet de la durée de l'impulsion définissant la pression axiale uniforme P_z,
nous choisissons les périodes suivantes $\{0.25 T_0, 0.5 T_0, 0.75 T_0, T_0, 2 T_0\}$. Nous choisissons aussi
quatre profils temporels différents de cette impulsion. Ils sont définis par

$$P_{z1}(t) = P_0 \begin{cases} 1 & si\ t \in [0,T] \\ 0 & sinon \end{cases} \tag{IV.1}$$

94

$$P_{z2}(t) = P_0 \begin{cases} 2t/T & si\, t \in [0, T/2] \\ 2(1 - t/T) & si\, t \in [T/2, T] \\ 0 & sinon \end{cases} \tag{IV.2}$$

$$P_{z3}(t) = P_0 \begin{cases} 4t/T & si\, t \in [0, T/4] \\ 2(1 - 2t/T) & si\, t \in [T/4, T/2] \\ 2(2t/T - 1) & si\, t \in [T/2, 3T/4] \\ 4(1 - t/T) & si\, t \in [3T/4, T] \\ 0 & sinon \end{cases} \tag{IV3}$$

$$P_{z4}(t) = P_0 \begin{cases} \sin^2(\pi t/T) & si\, t \in [0, T] \\ 0 & sinon \end{cases} \tag{IV.4}$$

où t est le temps et P_0 l'amplitude de la pression dynamique appliquée.

La figure IV.6 présente les différentes formes des impulsions définies sur la même durée $T = T_0 = 9.575\,ms$.

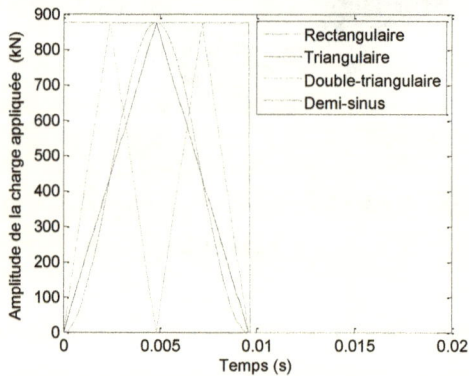

Figure IV.6: Les différents profils temporels définissant la compression axiale dynamique; $T = T_0 = 9.575\,ms$ **et** $P_0 = P_{stat} = 875kN$

Afin de comparer la charge de flambage dynamique à la charge de flambage statique, la charge critique dynamique est divisée par la charge critique statique. Cette dernière étant

95

calculée par une méthode incrémentale nonlinéaire comme indiqué dans les chapitres 2 et 3. Pour cela, le même modèle est utilisé dans les deux cas, c'est-à-dire que nous avons la même géométrie, les mêmes propriétés matérielles et les mêmes conditions aux limites. La charge statique de flambage obtenue est $P_{stat} = 875kN$. Nous prenons pour l'amplitude de la charge dynamique désignée par P_0 une valeur voisine de P_{stat} et nous en tiendrons compte pour le calcul du rapport DLF entre la charge critique dynamique et la charge de flambage statique.

IV.2.4 Résultats

La procédure *Abaqus/Explicit* du logiciel *Abaqus* est utilisée pour résoudre les équations du modèle éléments finis. L'option d'incrémentation automatique a été activée. La réponse dynamique en termes du raccourcissement du bord du panneau qui est chargé a été calculée de manière paramétrique en fonction de l'amplitude de la charge. Ceci a permis de déterminer la charge critique de flambage correspondant au critère de Budiansky et Roth. La durée de l'impulsion a été varié entre $0.25T_0$ et $2T_0$ avec $T_0 = 9.575\,ms$.

La figure IV.7 illustre le procédé de détermination de la charge de flambage dans le contexte du critère Budiansky et Roth. Dans ce cas, la charge de flambage dynamique est dans l'intervalle $[0.7, 0.8] \times P_{stat}$. En raffinant la variation du paramètre de charge, on trouve pour la charge critique de flambage dynamique $P_{cr} = 0.7 P_{stat}$ avec $P_{stat} = 0.96242\,MN$.

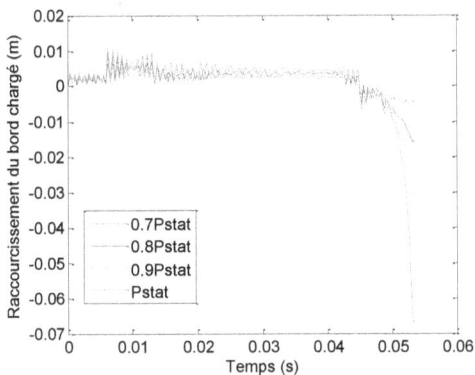

Figure IV.7: Raccourcissement du bord chargé du panneau raidi en fonction du temps pour différentes valeurs du paramètre d'amplitude de la charge

L'état d'instabilité en phase postcritique pourra être bref et le système pourra récupérer la stabilité de manière cyclique. Ce qui montre la grande ambigüité caractéristique du flambage dynamique des panneaux raidis. Nous avons fixé ici comme seuil qui définit le flambage dynamique le fait que le système perd toute possibilité de voir le raccourcissement osciller. Certains auteurs ont également défini l'état de flambage comme celui pour lequel le déplacement transversal est égal à trois fois l'épaisseur de la plaque de fond [Batr 2001].

Les résultats obtenus en termes du coefficient *DLF* sont représentés sur les courbes des figures IV.8 et IV.9. Ces deux figures montrent qu'il existe des intervalles de la durée de l'impulsion pour laquelle le *DLF* est inférieur à l'unité.

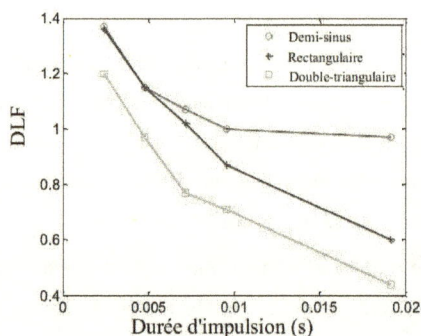

Figure IV.8: Analyse purement élastique; le DLF en fonction de la durée de l'impulsion pour les différentes formes temporelles de celle-ci

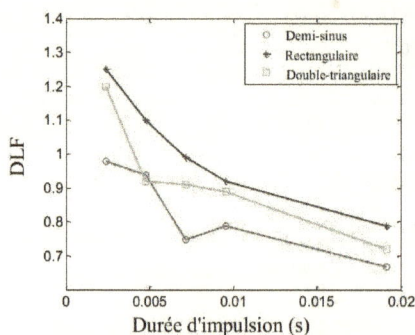

Figure IV.9: Analyse élastoplastique; le DLF en fonction de la durée de l'impulsion pour les différentes formes temporelles de celle-ci

La charge de flambage dynamique est dans ce cas plus sévère que la charge de flambage statique. Cela se produit pendant des périodes qui sont toujours proches de la période fondamentale de vibration libre du panneau raidi qui est ici égale à $T_0 = 0.009575\,s$.

Sur les deux figures IV.8 et IV.9 l'impulsion triangulaire n'apparaît pas car elle a toujours donné une charge de flambage dynamique avec un *DLF* supérieur à 2. Nous pouvons observer que les autres formes d'impulsion ont conduit à une énorme réduction de la charge critique en comparaison avec la charge critique de flambage statique.

La figure IV.8 montre, dans le cas de l'analyse élastique, que la double impulsion triangulaire est la plus défavorable. La réduction a atteint 97% pour le profil demi-sinus; 60% pour l'impulsion rectangulaire et 44% pour la double impulsion triangulaire.

La figure IV.9 montre, dans le cas de l'analyse élastoplastique, que l'impulsion semi-sinusoïdale donne la réduction la plus sévère de la charge critique de flambage. Elle est suivie par la forme triangulaire à double impulsion, puis l'impulsion rectangulaire. La réduction atteint 67% pour la demi-impulsion sinusoïdale; 79% pour l'impulsion rectangulaire et 72% pour la double impulsion triangulaire.

Ces résultats montrent que l'approximation de la charge dynamique par une forme d'impulsion rectangulaire n'est pas toujours valide car elle ne donne pas toujours la plus grande réduction de la résistance au flambage. D'autre part, le comportement du matériau influe énormément sur les résultats en modérant la chute de la charge critique de flambage. La réduction de la charge de flambage passe ainsi de 44% dans le cas élastique à seulement 67% dans le cas élastoplastique.

Remarquons que même la charge critique de flambage statique est difficilement accessible numériquement. Elle correspond au point de bifurcation associé à un changement important dans la pente de la courbe donnant la charge en fonction de la longueur d'arc. Le panneau raidi a cependant un comportement postcritique stable et peut résister à un chargement supérieur à la valeur du chargement en ce point de bifurcation. Mais les déformations sont grandes et l'on considère cette première bifurcation comme étant l'état limite de flambage.

IV.3 Analyse fiabiliste de l'état limite de flambage dynamique d'un panneau raidi soudé

IV.3.1 Configuration géométrique, propriétés matérielles et conditions aux limites

Nous considérons dans cette section l'analyse fiabiliste du flambage dynamique d'un panneau raidi. Nous utilisons le même modèle géométrique et les mêmes conditions aux limites que celles déjà rencontrées dans la section IV.3, figures IV.1 et IV.2, mais avec une amplitude de défaut w_0 variable.

Le comportement des matériaux de la partie intacte du panneau et de la partie HAZ sont supposés élastiques linéaires homogènes et isotropes. Nous supposons que le profil de la compression axiale est rectangulaire. L'étude paramétrique portera alors sur l'amplitude de l'imperfection géométrique initiale w_0, ainsi que sur le module d'Young E du matériau intact constituant le panneau et la durée de l'application du chargement impulsionnel T.

Nous considérons la dégradation qui affecte la zone HAZ suite à l'opération de soudage [Assl 74]. Nous retiendrons pour le module d'Young dans cette zone une valeur réduite constante donnée par $E_H / E = 0.8$ [Yoon 2009], tandis que le coefficient de Poisson est $v_H = v$. La largeur de la zone HAZ est maintenue constante et de valeur égale à $w_H = 50\,mm$.

IV.3.2 Plan d'expérience numérique et surface de réponse

Des simulations conduites selon un plan d'expérience construit sur les trois variables $\{w_0, E, T\}$ a permis la dérivation d'un modèle de type surface de réponse polynomiale. En utilisant ce modèle explicite servant à prédire la charge critique de flambage dynamique dans le cadre de la méthode de Monte Carlo nous calculons la probabilité de défaillance du panneau en fonction de la charge dynamique imposée.

Le tableau IV.1 donne les niveaux des trois paramètres sélectionnés pour effectuer l'analyse fiabiliste. La colonne de T correspond aux trois valeurs suivantes: $T = 0.5T_0$, $0.75T_0$, T_0 avec $T_0 = 9.448\,ms$.

Niveau du paramètre	$w_0\,(mm)$	$E\,(GPa)$	$T\,(ms)$
Bas	5	64	4.724
Moyen	5.5	66.75	7.086
Haut	6	69.5	9.448

Tableau IV.1: Niveaux des facteurs considérés dans l'analyse fiabiliste

Le tableau IV.1 est utilisé pour construire une table en factoriel complet comprenant 27 combinaisons faisant intervenir les niveaux précisés dans le tableau IV.1.

99

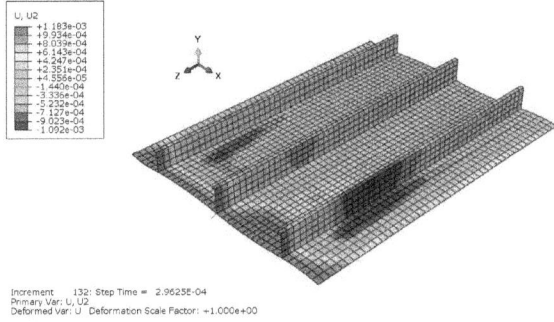

(a)

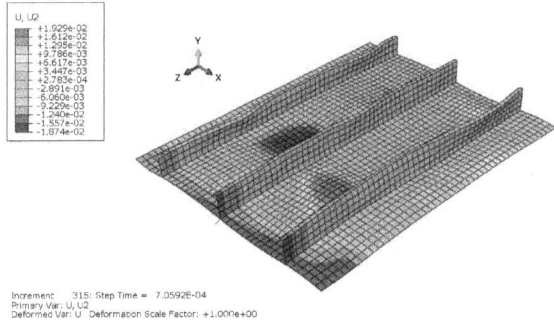

(b)

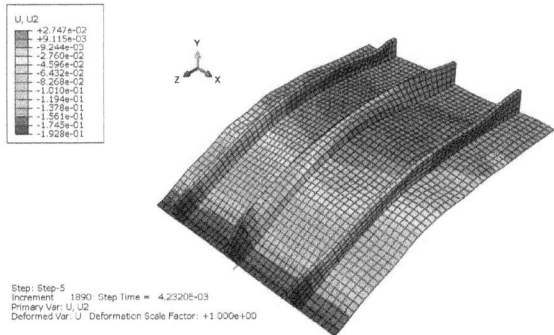

(c)

Figure IV.10: Trois séquences de déformation du panneau raidi sous forme des isovaleurs du déplacement transversal pour $w_0 = 6mm$, $E = 64GPa$ **et** $T = 9.448$ ms

100

$w_0 (mm)$	$E (GPa)$	$T (ms)$	$P_{cr} (kN)$	$P_{stat} (kN)$
5	64	4.724	893.61	936.40
5	64	7.086	696.79	936.40
5	64	9.448	635.20	936.40
5	66.75	4.724	937.40	977.36
5	66.75	7.086	781.48	977.36
5	66.75	9.448	683.32	977.36
5	69.5	4.724	1077.9	1017.1
5	69.5	9.448	741.06	1017.1
5.5	64	4.724	933.55	996.31
5.5	64	7.086	699.94	996.31
5.5	64	9.448	664.07	996.31
5.5	66.75	4.724	947.98	1030.2
5.5	66.75	7.086	731.44	1030.2
5.5	66.75	9.448	718.93	1030.2
5.5	69.5	4.724	1106.8	1078.2
5.5	69.5	7.086	808.43	1078.2
5.5	69.5	9.448	753.57	1078.2
6	64	4.724	875.80	1013.5
6	64	7.086	644.82	1013.5
6	64	9.448	596.70	1013.5
6	66.75	4.724	914.30	1059.2
6	66.75	7.086	702.57	1059.2
6	66.75	9.448	673.70	1059.2
6	69.5	4.724	943.17	1104.0
6	69.5	7.086	721.81	1104.0
6	69.5	9.448	731.44	1104.0

Tableau IV.2: Résultats de simulation en fonction de la combinaison considérée

Pour une combinaison donnée définie par la donnée de l'amplitude de l'imperfection géométrique initiale w_0, le module d'Young E et la durée de l'impulsion T, le calcul éléments finis sous *Abaqus* a été réalisé. En post-traitement des résultats, la charge de flambage dynamique a été déterminée suivant le critère Budiansky et Roth.

En considérant la combinaison définie par $w_0 = 6mm$, $E = 64GPa$ et $T = 9.448\,ms$, la figure IV.10 illustre le processus de déformation du panneau raidi avant et après occurrence du flambage dynamique. La courbe IV.7 présenté ci-avant donne dans les mêmes conditions l'évolution du raccourcissement en fonction de plusieurs échelles du chargement.

Les résultats obtenus sont résumés dans le tableau IV.2. Dans ce tableau P_{stat} désigne la charge de flambage statique. Nous observons que la charge critique de flambage dynamique peut être beaucoup plus petite que la charge critique de flambage statique. Le minimum obtenu atteint $P_{cr}^{\min} = 596.7\,kN$. Ce qui représente seulement 58.9% de la charge critique de flambage statique. Certaines charges de flambage dynamique peuvent également être supérieures à la charge de flambage statique et la valeur maximale obtenue est $P_{cr}^{\max} = 1106.8\,kN$, ce qui dépasse de 2.5% la charge du flambage statique.

Afin d'obtenir un surface de réponse qui représente la charge critique de flambage dynamique sous une forme explicite avec des coefficients de même ordre de grandeur, on rend dimensionnels les facteurs du tableau IV.2 en posant:

$$\overline{w}_0 = w_0 / w_{0,\max}\,,\quad \overline{E} = E/E_{\max}\ \text{et}\ \overline{T} = T/T_{\max} \tag{IV.5}$$

avec $w_{0,\max} = 6\,mm$, $E_{\max} = 69.5\,GPa$ et $T_{\max} = 9.448\,ms$.

Ainsi les trois facteurs appartiendront à l'intervalle $[0,1]$.

Contrairement au chapitre 3 où dans tous les cas la régression polynomiale n'a pas fonctionné, dans le présent cas un polynôme quadratique suffit pour représenter la charge critique de flambage dynamique. Les coefficients de ce polynôme sont obtenus par la commande *regstats* de Matlab et le polynôme surface de réponse du système calculé est

$$\begin{aligned}
P_{cr}(MN) = &-1.6385 + 12.192\overline{w}_0 - 5.5751\overline{E} - 2.3757\overline{T} - 3.2229\overline{w}_0\overline{E} + 0.4716\overline{w}_0\overline{T} \\
&- 0.79861\overline{E}\,\overline{T} - 5.32072\overline{w}_0^2 + 5.5248\overline{E}^2 + 1.4466\overline{T}^2
\end{aligned} \tag{IV.6}$$

L'interpolation définie par l'équation (IV.6) admet un excellent coefficient de détermination $R^2 = 97.3\%$. Il convient de noter que même un modèle de régression polynomiale linéaire donne aussi un très bon coefficient de détermination qui vaut $R^2 = 84.5\%$.

IV.3.3 Analyse de variance

L'analyse de variance réalisée sur les résultats présentés dans le tableau IV.2 au moyen de la commande *anovan* de Matlab a donné les résultats résumés dans le tableau IV.3. Nous pouvons remarquer que les facteurs et leurs interactions expliquent correctement la variabilité de la charge de flambage dynamique car l'erreur résiduelle ne dépasse pas 1.1%. Si l'on travaille avec un modèle linéaire alors les facteurs expliquent par eux-mêmes les résultats avec une erreur limitée à 3.4%.

Source	Sum Sq.	d.f.	moyenne	F	Prob>F
$\bar{w}_0$	0.01611	2	0.00805	15.08	0.0019
$\bar{E}$	0.05103	2	0.02552	47.8	0
$\bar{T}$	0.3084	2	0.1542	288.85	0
$\bar{w}_0\bar{E}$	0.00245	4	0.00061	1.15	0.4002
$\bar{w}_0\bar{T}$	0.00302	4	0.00075	1.41	0.3131
$\bar{E}\bar{T}$	0.00333	4	0.00083	1.56	0.2745
Error	0.00427	8	0.00053		
Totale	0.3886	26			

Tableau IV.3: Tableau d'analyse de variance de la charge de flambage dynamique en fonction des trois facteurs considérés

D'après le tableau IV.3, la durée de l'impulsion est celle qui admet le plus d'influence sur le résultat, comme nous pouvons le voir à partir de la ligne 4 du tableau de la statistique de Fisher qui indique la plus grande valeur pour $\bar{T}$. Le deuxième facteur le plus influent est le module d'Young et enfin l'amplitude de l'imperfection géométrique. Les interactions entre les facteurs viennent après et n'admettent qu'une faible contribution à la variabilité des résultats. Ces résultats sont très révélateurs de la phénoménologie du flambage dynamique qui apparait de la sorte comme étant un phénomène essentiellement gouverné par la durée du chargement impulsionnel.

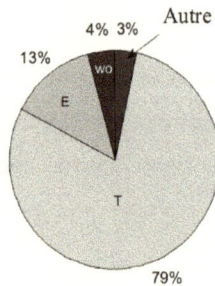

Figure IV.11: Influence relative des facteurs décrivant la variabilité de la charge critique de flambage dynamique; «Autre» comprend les interactions et l'erreur

La figure IV.11 donne le pourcentage relatif de l'influence de chaque facteur sur la variabilité de la charge critique de flambage dynamique.

103

IV.3.4 Analyse fiabiliste

Pour effectuer l'analyse de fiabilité, les variables aléatoires associées aux trois paramètres actifs qui interviennent comme facteurs dans le problème sont précisées de la façon suivante:

- Densité de probabilités obéissant à une loi lognormale pour $\overline{w}_0$;
- Densité de probabilités obéissant à une loi normale pour $\overline{E}$;
- Densité de probabilités de type loi uniforme pour $\overline{T}$ sur le domaine $[0.5,1]$ où la régression est établie.

Les valeurs moyennes de ces variables aléatoires ont été fixées comme suit: $\overline{w}_0^* = 0.9167$, $\overline{E}^* = 0.9209$ et $\overline{T}^* = 0.75$. Les mêmes déviations standards ont été fixées pour les trois variables aléatoires. Celles-ci ont été choisies dans l'ensemble des valeurs suivantes: 2%, 5% et 10%.

Les densités de probabilité qui décrivent les trois variables aléatoires $\left\{\overline{w}_0, \overline{E}, \overline{T}\right\}$ qui interviennent comme facteurs dans le problème permettent par tirage aléatoire de générer un échantillon statistique de charges de flambage dynamique. La méthode de Monte Carlo permet alors d'estimer la probabilité de défaillance qui est associée à une charge de conception donnée.

Pour une charge de conception P_{Design}, l'état limite de flambage dynamique peut être décrit par l'équation suivante

$$\Lambda(\overline{w}_0, \overline{E}, \overline{T}) = P_{cr}(\overline{w}_0, \overline{E}, \overline{T}) - P_{Design} \qquad (IV.7)$$

avec $\Lambda(\overline{w}_0, \overline{E}, \overline{T}) < 0$ qui représente le domaine de sécurité et $\Lambda(\overline{w}_0, \overline{E}, \overline{T}) > 0$ le domaine de défaillance.

La figure IV.13 donne la probabilité de défaillance en fonction de la charge de conception P_{Design} pour les trois différentes valeurs considérées pour la déviation standard. La taille de la population utilisée dans le processus Monte Carlo processus a été fixée par l'exigence de convergence à la valeur 5×10^4.

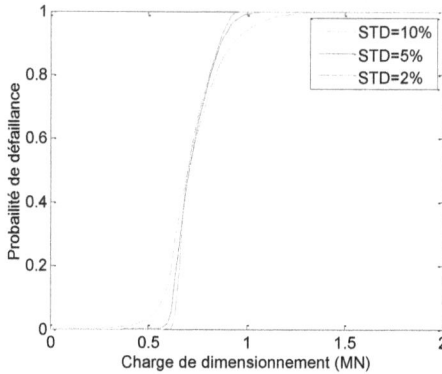

Figure IV.12: Probabilité de défaillance en fonction de la charge de conception pour les différentes valeurs de la déviation standard (STD)

La figure IV.12 montre que la probabilité dépend énormément de l'écart type des variables aléatoires en entrée du système. Dans la pratique, ces écarts types doivent être déterminés expérimentalement.

La figure IV.12 permet aussi de résoudre graphiquement le problème inverse qui consiste à déterminer la charge de conception P_{Design} pour une probabilité de défaillance fixée a priori.

IV.4 Conclusion

Nous avons analysé dans ce chapitre le problème du flambage dynamique d'un panneau raidi soumis à une compression axiale uniforme ayant lieu suivant la direction longitudinale des raidisseurs. Deux types de comportement du matériau constituant le panneau ont été considérés. Il s'agit d'une loi purement élastique linéaire homogène et isotrope et d'une loi élastoplastique nonlinéaire à écrouissage isotrope. Des conditions aux limites particulières ont été adoptées fin de mettre en évidence la réduction de la résistance au flambage qui apparait sous chargement dynamique transitoire. La modélisation du problème a été effectuée par la méthode des éléments finis à l'aide du logiciel *Abaqus*. La procédure d'intégration temporelle *Abaqus/Explicit* a été utilisée. Le critère de Budiansky et Roth a servi à déterminer la charge critique de flambage dynamique.

Nous avons effectué une étude paramétrique afin d'identifier, le profil du chargement en pression qui induit l'effet le plus défavorable ainsi que la durée d'application de ce chargement. Quatre profils différents ont été testés: un demi-sinus, un rectangle, un triangle et un double-triangle. Les résultats obtenus ont montré que le flambage dynamique le plus grave se produit lorsque la durée de l'impulsion est proche de la période du premier mode de vibrations de la structure calculée avec les mêmes conditions aux limites. Le facteur de réduction de la résistance au flambage a atteint 44% en régime élastique et environ 67% pour le régime des déformations élastoplastiques.

Il apparait donc clairement que le flambage dynamique peut être catastrophique pour certaines configurations des panneaux raidis et que l'analyse statique n'est pas suffisante.

Dans la deuxième partie de ce chapitre, l'analyse fiabiliste de l'état limite de flambage dynamique a été effectuée. Celle-ci a permis de calculer la probabilité de défaillance associée à une charge de conception donnée. Trois variables de base ont été choisies: l'amplitude de l'imperfection géométrique initiale, le module d'Young du matériau constituant le panneau et la durée de l'impulsion. Nous avons utilisé une représentation explicite du système de type surface de réponse polynomiale quadratique et nous avons procédé ensuite à des simulations Monte Carlo afin d'estimer la probabilité de défaillance.

Nous avons montré en particulier que le phénomène de flambage dynamique est gouverné essentiellement par la durée du chargement impulsionnel. La fiabilité calculée a montré une forte dépendance vis-à-vis de l'écart type des variables aléatoire de base.

La méthodologie proposée dans ce chapitre permet d'évaluer avec précision l'influence de l'opération de soudage sur la résistance au flambage et de quantifier la probabilité de défaillance associée à une conception donnée du panneau raidi. Dans la pratique, l'identification des densités de probabilités qui décrivent les variables aléatoires de base est une étape clé de l'analyse fiabiliste.

Conclusion générale

Après avoir présenté l'état de l'art dans le domaine du flambage statique et dynamique des panneaux raidis, nous avons rappelé dans le deuxième chapitre les ingrédients qui permettent d'aborder l'étude de ce phénomène de manière général. Ces ingrédients comprennent la résolution par la méthode des éléments finis, les méthodes numériques de calcul du problème de flambage sans nonlinéarités géométriques, flambage dit d'Euler, et avec nonlinéarités géométriques, flambage dit nonlinéaire. La résolution par éléments finis la plus adaptée au problème utilise l'élément de coque SR4 dans le cas du logiciel Abaqus que nous avons choisi pour réaliser la modélisation structurale du panneau raidi. Dans le cas d'un chargement dynamique, nous avons montré l'intérêt d'utiliser la méthode d'intégration temporelle de type dynamique explicite pour capter l'état limite de flambage. Par la suite, nous avons indiqué le concept qui sous-tend une analyse fiabiliste qui permet de rendre compte des incertitudes qui entachent les facteurs expliquant la variabilité de la charge critique. Nous avons enfin présenté l'approche de modélisation par réseaux de neurones artificiels qui permet de construire un modèle symbolique explicite capable de prédire la charge critique de flambage. Ce type de modèle est très intéressant lorsqu'il s'agit d'évaluer la fiabilité d'une conception au moyen de la méthode Monte Carlo. Il suffit alors d'opérer des tirages aléatoires selon les densités de probabilités qui décrivent les variables de base de la conception.

Il était question dans la deuxième partie de ce livre d'approfondir l'analyse de l'effet des imperfections initiales sur l'état limite de flambage des panneaux raidis. En considérant une compression axiale uniforme agissant suivant la direction des raidisseurs, dans le cas d'un comportement du matériau constituant la plaque et pouvant être élastique ou élastoplastique, des études paramétriques étendues ont été menées. L'interaction entre un défaut localisé de type dépression carrée et les défauts dus au soudage pour assembler le panneau a été considérée. Nous avons présenté une démarche de modélisation afin d'établir la fiabilité associée à une conception donnée du panneau raidi. Une approximation de l'état limite de flambage par un modèle fiabiliste de type blocs indépendants en parallèle a été proposée.

Les études paramétriques ont d'abord permis, dans le cas d'un panneau raidi à géométrie parfaite, de déterminer la configuration en termes de rapports d'aspect et d'élancement qui montre la plus faible résistance au flambage. En retenant cette configuration géométrique, d'autres études paramétriques ont permis de montrer l'influence considérable des imperfections géométriques initiales. Dans le cas de l'imperfection géométrique localisée qui correspond à une dépression carrée, l'étude a montré qu'elle produit l'effet le plus défavorable lorsqu'elle est située sur le segment central de la plaque de fond et au milieu de ce segment. L'interaction de cette imperfection localisée a été considérée avec les défauts résultant du soudage et qui sont de deux types: imperfection géométrique répartie affectant la courbure transversale (dans le sens de la largeur et perpendiculairement à la ligne de soudure) et détérioration des propriétés matérielles dans la zone affectée thermiquement. Les résultats obtenus ont montré que la charge critique de flambage subit une chute draconienne en cas de couplage entre imperfection géométrique localisée et défauts de soudage.

La fiabilité associée à l'état limite de flambage a été quantifiée pour tous ces types de défauts à l'aide de la représentation sous forme de surface de réponse ou de modèles neuronaux pour chacune des sources de variabilité prise en compte séparément. La méthodologie proposée est très générale et peut s'appliquer dans la pratique à n'importe quel type de panneau raidi. Pour que les résultats aient un sens pratique, il suffit d'identifier les densités de probabilités qui décrivent les variables de conception de base avant de les injecter dans le processus Monte Carlo. Les probabilités de défaillance par flambage dépendent en effet considérablement de ces fonctions densités de probabilités.

La dernière trame de ce livre a été consacrée à l'analyse du flambage dynamique des panneaux raidis. La même méthodologie que celle introduite dans le cas du flambage statique a été reconduite. La seule différence réside dans le fait qu'il faut, pour chaque combinaison de facteurs, procéder en plus à une étude paramétrique afin de déterminer l'état d'instabilité dynamique conformément au critère laborieux de Budiansky et Roth. La charge de flambage dynamique obtenue a été caractérisée par le facteur de réduction dynamique défini comme étant le rapport entre la charge critique dynamique et la charge critique statique calculée dans les mêmes conditions qu'en chargement dynamique mais avec une compression uniforme constante, donc indépendante du temps. Le profil temporel du chargement dynamique impulsionnel de même que sa durée ont une influence considérable sur le résultat. L'effet le plus sévère se produit lorsque la durée du chargement est voisine de la période fondamentale de vibrations libres du panneau. Le profil le plus sévère n'est pas toujours le chargement rectangulaire et dans les simulations effectués le chargement de type double-triangle s'est avéré le plus sévère dans le cas d'un comportement élastique alors que le chargement de type demi-sinus a produit le résultat le plus défavorable en élastoplasticité.

Dans tous les cas, les résultats obtenus ont montré que le flambage dynamique est plus grave que le flambage statique. Le facteur de réduction de la charge a atteint 44% pour le régime élastique et 67% pour le régime élastoplastique des déformations. Le flambage dynamique peut donc être catastrophique pour les plaques raidis lorsque les conditions dans lesquelles il se manifeste sont réunies. Ce phénomène ne peut être traduit par le seul biais de l'analyse statique, ou en fixant a priori une forme pour le chargement impulsionnel ou la durée de l'impulsion. Des études paramétriques approfondies devraient être considérées au cas par cas pour apprécier à sa juste valeur ce risque et garantir de manière rationnelle l'intégrité structurale.

Une analyse fiabiliste a été réalisée aussi dans le cas du chargement dynamique du panneau raidi. Ce qui a permis d'expliquer la variabilité de la charge critique dynamique de flambage en termes des variables de conception de base.

Références bibliographiques

[Aalb 2001] A. Aalberg, M. Langseth, P.K. Larsen. Stiffened aluminium panels subjected to axial compression. Thin-Walled Structures 39:861–885, 2001.

[Abra 2010] H. Abramovich, T. Weller. Repeated buckling and post-buckling behavior of laminated stringer-stiffened composite panels with and without damage. Int. J. of Structural Stability and Dynamics, 10: 807-825, 2010.

[Akul 2014] V.M.K. Akula. Multiscale reliability analysis of a composite stiffened panel. Composite Structures, 116:432-440, 2014.

[Ari 1996] J. Ari-Gur, I. Elishakoff. Dynamic instability of a transversely isotropic column subjected to a compression pulse. Computers and Structures, 62: 811-815, 1996.

[Ari 1997] J. Ari-Gur, S.R. Simonetta. Dynamic Pulse Buckling of Rectangular Composite Plates. Composites Part B: Engineering, 28(3): 301-308, 1997.

[Adya 1998] M. Adya, F. Collopy. How effective are neural networks at forecasting and prediction? A review and evaluation. J. Forecasting 17: 481-495, 1998.

[Anou 2010] Anonymous. ABAQUS/Standard user's manual, ver. 6.10. Hibbitt, Karlsson and Sorensen, 2010.

[Ansy 2009] Ansys. User's theory manual V13, 2009.

[Batr 2001] R.C. Batra, T.S. Geng. Enhancement of the dynamic buckling load for a plate by using piezoceramic actuators, Smart Mater. Structure, 10: 925-933, 2001.

[Bisa 2005] C. Bisagni. Dynamic buckling of fiber composite shells under impulsive axial compression. Thin-Walled Structures, 43:499-514, 2005.

[Bish 1995] C. Bishop. Neural networks for pattern recognition. Oxford University Press, 1995.

[Buch 2008] C. Bucher, T. Most. A comparison of approximate response functions in structural reliability analysis. Probabilistic Engineering Mechanics, 23:154-163, 2008.

[Budi 1962] B. Budiansky, R.S. Roth. Axisymmetric Dynamic Buckling of Clamped Shallow Spherical Shells. Collected Papers on Instability of Shell Structures, NASA TN D 1510, 597-606, Washington, USA, 1962.

[Bui 2008] H.C. Bui. Analyse statique du comportement des structures à parois minces par la méthode des éléments finis et des bandes finies de type plaque et coque surbaissée déformables en cisaillement. Thèse de Doctorat, Université de Liège, Liège, Belgique, 2008.

[Camp 2012] J. Campbell, L. Hetey, R. Vignjevic. Non-linear idealisation error analysis of a metallic stiffened panel loaded in compression. Thin-Walled Structures, 54:44-53, 2012.

[Chen 2007a] N.Z. Chen, C. Guedes Soares. Reliability assessment for ultimate longitudinal strength of ship hulls in composite materials. Probabilistic Engineering Mechanics, 22: 330-342, 2007.

[Chen 2007b] N.Z. Chen, C. Guedes Soares. Reliability assessment of post-buckling compressive strength of laminated composite plates and stiffened panels under axial compression. International Journal of Solids and Structures, 44:7167-7182, 2007.

[Choj 2015] A.A. Chojaczyk, A.P. Teixeira, L.C. Neves, J.B. Cardoso, C. Guedes Soares. Review and application of Artificial Neural Networks models in reliability analysis of steel structures. Structural Safety, 52(1), Part A: 78-89, 2015.

[Denn 1983] J.E. Dennis, R.B. Schnabel. Numerical methods for unconstrained optimization and nonlinear equations. Prentice-Hall, Edgewood Cliffs, 1983.

[Ditl 1996] O. Ditlevsen, H.O. Madsen. Structural reliability methods. Ed. John Wiley and Sons, Hoboken, NJ, USA, 1996.

[Dow 1984] R.S. Dow, C.S. Smith. Effects of Localized Imperfections on Compressive Strength of Long Rectangular Plates. J. Construct. Steel Research 4:51-76, 1984.

[EN 1993] EN 1993-1-5. Eurocode 3: Design of steel structures - Part 1-5: General rules - Plated structural elements. The European Union Per Regulation 305/2011, Directive 98/34/EC, Directive 2004/18/EC, 2006.

[Fahl 2000] G. Fahlbusch G, D. Petry. Dynamic buckling of thin isotropic plates subjected to in-plane impact. Thin-Walled Structures, 38:267-283, 2000.

[Feat 2010] C.A. Featherston, J. Mortimer, M. Eaton, R.L. Burguete, R. Johns. The Dynamic Buckling of Stiffened Panels – A study using High Speed Digital Image Correlation. Applied Mechanics and Materials, 24-25:331-336, 2010.

[Feat 2012] C.A. Featherston. The effect of geometry on the dynamic buckling of longitudinally stiffened panels subject to uniaxial compression. Proceedings of the Institution of Mechanical Engineers, Part G: Journal of Aerospace Engineering, 226(7):774-786, 2012.

[Flec 1987] R. Fletcher. Practical methods of optimization. Wiley, New York, 1987.

[Gasp 2014] B. Gaspar, A. Naess, B.J. Leira, C. Guedes Soares. System Reliability Analysis by Monte Carlo Based Method and Finite Element Structural Models. Journal of Offshore Mechanics and Arctic Engineering, 136:031603-031603-9, 2014.

[Gay 2003] N. Gayton, J. Bourinet and M. Lemaire. A new statically approach to response surface method for reliability analysis, Journal of Structural Safety, 25:99-121, 2003.

[Gome 2004] H.M. Gomes, A.M. Awruch. Comparison of response surface and neural network with other methods for structural reliability analysis. Structural Safety, 26:49-67, 2004.

[Hand 1946] G. H. Handelman. Buckling Under Locally Hydrostatic Pressure. Journal of Applied Mechanics, 13:A198-A200, 1946.

[Haso 1974] A.M. Hasofer, N.C. Lind. An exact and invariant first order reliability format, Journal of Eng. Mech., ASCE, 100:111-121, 1974.

[Hebb 1949] D.O. Hebb. The organisation of behavior. Wiley, New York, 1949.

[Hohe 2006] J. Hohe, L. Librescu, S.Y. Oh. Dynamic buckling of flat and curved sandwich panels with transversely compressible core. Composite Structures, 74:10-24, 2006.

[Hopf 1982] J. Hopfield. Neural networks and physical systems with emergent collective computational abilities. Proceedings of the National Academy of Sciences, 79:2554-2558, 1982.

[Horn 1991a] K. Hornik. Approximation capabilities of multilayer feed-forward networks. Neural Networks, 4:251-257, 1991.

[Horn 1991b] K. Hornik. Approximation capabilities of multilayer feed-forward nets. Neural Networks, 4: 231-242, 1991.

[Khed 2014] M.R. Khedmati, M. Pedram. A numerical investigation into the effects of slamming impulsive loads on the elastic–plastic response of imperfect stiffened aluminium plates. Thin-Walled Structures, 76:118-144, 2014.

[Kmie 2002] M. Kmiecik, C. Guedes Soares. Response surface approach to the probability distribution of the strength of compressed plates. Marine Structures, 5:139-156, 2002.

[Koho 1982] T. Kohonen. Self organized formation of topologically correct feature maps. Biol Cybernetics, 43 : 59-69, 1982.

[Kogi 1997] N. Kogiso, S. Shao, Y. Murotsu. Reliability-based optimum design of a symmetric plate subject to buckling. Structural Optimization, 14:184-192, 1997.

[Koun 2001] A.N. Kounadis, C.J. Gantes, V.V. Bolotin. An improved energy criterion for dynamic buckling of imperfection sensitive nonconservative systems. International Journal of solids and Structures, 38:7487-7500, 2001.

[Kubi 2005] T. Kubiak. Dynamic buckling of thin-walled composite plates with varying width wise material properties. Int J Solids Structure, 45:5555-5567, 2005.

[LeCu 1985] Y. Le Cun. Une procédure d'apprentissage pour réseau à seuil asymétrique. Cognitiva 85, Paris, 4-7 Juin 1985.

[Less 2012] H. Less, H. Abramovich. Dynamic buckling of a laminated composite stringer–stiffened cylindrical panel. Composites: Part B 43:2348–2358, 2012.

[Lill 2013] I. Lillemäe, H. Remes, J. Romanoff. Influence of initial distortion of thin 3 mm superstructure decks on hull girder response. Thin-Walled Structures, 72:121, 2013.

[Lind 1987] H.E. Lindberg, A.L. Florence. Dynamic pulse buckling. Dordrecht, Martinus Njihoff Publishers, 1987.

[Lope 2013] R.H. Lopez, L.F. Fadel Miguel, J.E. Souza de Cursi. Uncertainty quantification for algebraic systems of equations. Computers and Structures, 128:189-202, 2013.

[Lope 2014] R.H. Lopez, L.F.F. Miguel, I.M. Belo, J.E. Souza Cursi. Advantages of employing a full characterization method over FORM in the reliability analysis of laminated composite plates. Composite Structures, 107:635-642, 2014.

[McCu 1943] W.S. Mc Culloch, W. Pitts. A logical calculus of the ideas immanent in nervous activity. Bulletin of Math. Biophysics, 5:115-133, 1943.

[McFa 1972] D. McFarland, B.L. Smith, W.D. Bernhart. Analysis of Plates. Spartan Books, Philadelphia, PA, 1972.

[Mesb 2006] Y. Pu, E. Mesbahi. Application of artificial neural networks to evaluation of ultimate strength of steel panels, Engineering Structures, 28:1190-1196, 2006.

[Mins 1988] Minsky M., Papert S. Perceptrons: an introduction to computational geometry. MIT Press, expanded edition, 1988.

[Naes 2009] A. Naess, B.J. Leira, O. Batsevych. System reliability analysis by enhanced Monte Carlo simulation. Structural Safety, 31:349-355, 2009.

[Paik 2007a] J.K. Paik. Empirical formulations for predicting the ultimate compressive strength of welded aluminum stiffened panels. Thin-Walled Structures 45:171-184, 2007.

[Paik 2007b] J.K. Paik. Mechanical collapse testing on aluminum stiffened panels for marine application. Ship Structure Committee, SR-1446, Washington DC; 2007.

[Paik 2007c] J.K. Paik. Characteristics of welding induced initial deflections in welded aluminum plates. Thin-Walled Structures 45, 493–501, 2007.

[Paik 2008] J.K. Paik, B.J. Kim, J.K. Seo. Methods for ultimate limit state assessment of ships and ship-shaped offshore structures: Part III hull girders, Journal of Ocean Engineering, 2008.

[Papa 1996] M. Papadrakakis, V. Papadopoulos, N.D. Lagaros. Structural reliability of elastic–plastic structures using neural networks and Monte Carlo simulation. Computer Methods in Applied Mechanics and Engineering, 136:145-163, 1996.

[Paul 2013] R.M.F. Paulo, F. Teixeira-Dias, R.A.F. Valente. Numerical simulation of aluminium stiffened panels subjected to axial compression: Sensitivity analyses to initial geometrical imperfections and material properties. Thin-Walled Structures, 62:65-74, 2013.

[Pu 2006] Y. Pu, E. Mesbahi. Application of artificial neural networks to evaluation of ultimate strength of steel panels. Engineering Structures, 28:1190-1196, 2006.

114

[Rack 1979] R. Rackwitz, B. Fiessler. Structural reliability under combined random load sequences. Journal of Computers and Structures, 9:489-494, 1979.

[Refe 1994] A-P.N. Refenes, M. Azema-Barac. Neural Network Applications in Financial Asset Management. Neural Computing & Applications, 2(1): 13-39, 1994.

[Rigo 2003] P. Rigo, R Sarghiuta, S Estefen, E Lehmannd, S.C Otelead, I Pasqualino, B.C Simonsene, Z Wanf, T Yaog. Sensitivity analysis on ultimate strength of aluminum stiffened panels. Mar Struct, 16(6):437-368, 2003.

[Rose 1958] F. Rosenblatt. The perceptron: a probalistic model for information storage and organisation in the brain. Psycological Review, 65:386-408, 1958.

[Rume 1992] D. Rumelhart, G. Hinton, R. Williams. Learning internal representations by error propagation. Parallel Distributed Processing, Vol. 1, MIT Press, pp. 318-362, 1986.

[Rønn 2010] L. Rønning, A. Aalberg, P.K. Larsen. An experimental study of ultimate compressive strength of transversely stiffened aluminium panels. Thin-Walled Structures 48:357-372, 2010.

[Roux 1998] W.J. Roux, N. Stander, R.T. Haftka. Response surface approximations for structural optimization. Journal for Numerical Methods in Engineering, 42:517-534, 1998.

[Sado 2007] Z. Sadovsky, C. Guedes Soares, A.P. Teixeira. Random field of initial deflections and strength of thin rectangular plates. Reliability Engineering and System Safety, 92:1659-1670, 2007.

[Sado 2011] Z. Sadovsky, C. Guedes Soares. Artificial neural network model of the strength of thin rectangular plates with weld induced initial imperfections. Reliability Engineering and System Safety, 96:713-717, 2011.

[Simi 1990] Simitses G.J, Dynamic stability of suddenly loaded structures, New York: Springer-Verlag, 1990.

[Sing 1995] J. Singer, H. Abramovich. The development of shell imperfection measurement techniques. Thin-Walled Structures, 23:379-398, 1995.

[Sobe 2013] A.J. Sobey, J.I.R. Blake, R.A. Shenoi. Monte Carlo reliability analysis of tophat stiffened composite plate structures under out of plane loading. Reliability Engineering and System Safety, 110:41-49, 2013.

[Taub 1933] V.C. Koning, J. Taub. Impact Buckling of Thin Bars in the Elastic Range Hinged at Both Ends. Luftfahrtforschung, 10:55-64, 1933.

[Tran 2014] K.L. Tran, C. Douthe, K. Sab, J. Dallot, L. Davaine. A preliminary design formula for the strength of stiffened curved panels by design of experiment method. Thin-Walled Structures 79:129-137, 2014.

[Wang 2002] S. Wang, D.J. Dawe. Dynamic instability of composite laminated rectangular plates and prismatic plate structures. Comput. Methods Appl. Mech. Engrg., 191:1791-1826, 2002.

[Whit 1992] H. White. Artificial neural networks. Blackwell, New York, 1992.

[Widr 1960] B. Widrow, D.E. Hoff. Adaptative switching circuits. IRE Western Electric Show and convention Record, 4: 96-104, 1960.

[Yaff 2003] R. Yaffe, H. Abramovich. Dynamic buckling of cylindrical stringer stiffened shells. Computers and Structures, 81:1031-1039, 2003.

[Yang 2013] N. Yang, P.K. Das, J.I.R. Blake, A.J. Sobey, R.A. Shenoi. The application of reliability methods in the design of tophat stiffened composite panels under in-plane loading. Marine Structures, 32:68-83, 2013.

[Yao 2000] J. Yao, C.L. Tan. A Case Study on Using Neural Networks to Perform Technical Forecasting of Forex. Neurocomputing, 34: 79-98, 2000.

[Yoon 2009] J.W. Yoon, G.H. Bray, R.A.F. Valente, T.E.R. Childs. Buckling analysis for an integrally stiffened panel structure with a friction stir weld. Thin-Walled Structures, 47:1608-1622, 2009.